成长也是一种美好

我决定重新把自己养一遍

长成一棵只属于我的树

不论移植到什么地方

这棵树都能茁壮成长

春

在一个风雨飘摇的春日

我把自己这颗困顿且孤独的种子埋入地下

我要有足够的耐心等待她重新发芽

想到这里内心突然开阔

仿佛在养护自己的过程中

一切都可以平静下来

一切答案都可以重新寻觅

夏

我破土而出

此时的阳光与以往的有万千不同

之前的我匆匆赶路

从未想过如何让内心平静

如何理解岁月沉淀

如何珍惜遇见的一期一会

如何爱惜花朵的一开一合

以及如何告别从前的钝感

秋

我比从前更勇敢了

敢于绽放也敢于颓落

敢于抛开自己的一切顾虑去爱

也敢于争取和表达自己的所思所念

秋天不只是叶落的季节

也是收获和积累终成果实的季节

我喜欢金黄色的明亮

那是粮食收获的颜色

也是我内心的喜悦

冬

谁也不能定义我是谁

谁也猜不出明年的春天

我会生长出怎样的花朵与希望

但我早已明白

一切机会都深藏在冬雪之间

一切改变都埋在泥土的梦里

慢慢长出新的自己

韦娜 著

人民邮电出版社
北京

图书在版编目（CIP）数据

慢慢长出新的自己 / 韦娜著. -- 北京 : 人民邮电出版社, 2024.4
ISBN 978-7-115-63943-1

Ⅰ. ①慢… Ⅱ. ①韦… Ⅲ. ①人生哲学一通俗读物 Ⅳ. ①B821-49

中国国家版本馆CIP数据核字(2024)第039873号

◆ 著 韦 娜
责任编辑 杨汝娜
责任印制 周昇亮
◆人民邮电出版社出版发行 北京市丰台区成寿寺路 11 号
邮编 100164 电子邮件 315@ptpress.com.cn
网址 https://www.ptpress.com.cn
天津千鹤文化传播有限公司印刷
◆开本：880×1230 1/32 彩插：3
印张：8.5 2024 年 4 月第 1 版
字数：133 千字 2024 年 4 月天津第 1 次印刷

定 价：59.80 元

读者服务热线：（010）67630125 印装质量热线：（010）81055316
反盗版热线：（010）81055315
广告经营许可证：京东市监广登字20170147号

/ 序 言 /

仅此一年我判若两人

亲爱的朋友，是怎样的缘分让你翻开了这本书，与我进行一次深度的心灵交流。这是多么难得啊，有那么多书店，那么多书，而这本书能够令你停留。我们未曾谋面，你也许甚至没有听过我的名字，没有看过我写的故事，但这些已经不再重要，重要的是，你看到了我当下的文字，它们触动了你。我这个笨拙且缓慢的写作者，需要把生活写到力透纸背，才得以有这样的机会与你遇见。

2023 年对我来说，格外与众不同。从年初的黯然离职，到现在的平静创业，春夏秋冬，不过短短四个季节的更替，我却已判若两人，我在这期间走了许多弯路，内心被种种情绪填满，时常觉得自己就要撑不下去，陷入一种无处诉说的哲学性的“死亡”中，只能拼尽全力探索，写下所闻所感，重新站起来。

因此，我要感谢 2023 年，感谢所有朋友、所有时间、所有经历，因为这一年是我迄今为止成长最快的一年。我想通过这本书，告诉所有迈入三十岁的人，尤其是三十五岁或更年长的人，我们要怎样重新把自己养护一遍，如何珍惜时间，珍惜遇见，珍惜擦肩而过的一切。

这一年，我开始去之前梦想前往的地方旅行，去没有去过的地方转一转，去采访有故事的人，联系老朋友、老同学以及老师。我回到故乡送别离世的亲人，又读了在职研究生。我去京都的名校游学，重拾油画，拍短视频，做课程，每日写作与记录，寻找新的出路……在生活中，我也许没有太多选择权，但在每次选择后，我都会勇敢前行。人生是不确定的，但谁也不想要每日的生活处在固定且毫无价值的重复之中。可能性，意味着机会；新生，也意味着挑战与未知。

写下这些文字的时候，我还很年轻，或者是，我已经不再那么年轻，但我依然在探索和突破的路上缓慢前行。成长的路上困难重重，却也希望满满。

我慢慢理解了四季的变换，理解了自己要走的路。我的人生里没有“逃避”二字，甚至没有真正意义上的“躺平”。我无法任由自己无所作为，所有的事情，无论好坏，只有不断地面对、解决，我的人生才算有价值。在养护自己的路上，我历尽艰辛，才终于像种子一样破土而出，成为一棵新芽。我幻想从此之后枝繁叶茂，硕果累累。

我认识到，四季不仅仅是一年的专属，也存在于一天中，存在于一个人的一生中。人在一年的四季里成长，也在一天的四季里新陈更替，有时鲜活，有时沉闷。一个人能过好每一天、每一周、每个月、每一年，就能过好这一生，毕竟一生是由一天、一小时、一分一秒组合而成的。

人活着，就应该像一颗种子般勇敢努力地破土而出，发芽生长，长成美丽的样子。人最自然、最像植物的时候，是最自在，最好看的时候。你看，不管世界如何变化，植物都有自己的生长路径和节奏，无论焦虑、愤怒、悲伤，喜悦、丰收、孤独，植物都不动声色。我喜欢不动声色的一切，包括一个人的沉默与隐忍，也包括一株植物的成长与承受。

年轻时，我们更容易遇见“碍”，容易受伤，更容易把自己交出去，赤手空拳，情深义重，陷入一种哲学性“死亡”——我撑不住了，我又好了；我不行了，我又可以了。这多么像一株植物，快要枯萎了，给它多一些阳光与水分，它就会重新活过来。

把自己想象成一颗种子吧，让自己生长，给自己时间、耐心、关爱，缓慢成长可以被接受，瞬间长大也有了依据，积累变得稀松平常、自然而然，风雨飘摇也是另一种灌溉。

在日常的生活中，我总有一种错觉，每当一个季节开始的时候，我却认为这个季节已经过去了；每当这一年即将开始的时候，我却认为这一年快要过去了。人生是小径分叉的花园，是重重叠叠的时光之洞，随着成长，我对时间的认识越来越深刻，也越来越珍惜时间。计划表上写满了计划，百分之九十的计划都与看书和写作有关，我一直在书写，从未感到疲惫。

今日听朋友说，她没有把时间花在写作上，但自己如果去做这件事情，肯定比我写的书多，比我更有名气。不管从事什么职业，都需要时间的投入，比时间更重要的投入是人生的选择。我选择了写作，就很难有时间去专心绘画了。世上有种种美好，我们选择了其中一种美好，就很难去做另一件自己想做的事情。写作的天赋，不仅指一个人的语言天赋特别好，更重要的是，在面临很多选择时，他是否把写作当成首要选择，放弃去做其他美好事情的机会。我从不考虑其他人像我一样去写作是否能比我收获更大，我只诚恳地对自己的心说：无论面对什么选择，我都是无一例外、毫不犹豫地选择了写作。

关于写作这件事，我这个悲观的理想主义者始终怀有无尽的热情，始终有文字想书写，有想讲述的故事。我记录着一路走来的轨迹与远方，从未偏离过我的想象和生活。虽一路坎坷，被理解和认可的次数却越来越多，理想未死，我也没有绝对地老去，在成长的路上，始终有人可爱，始终有梦可依。这种感觉真好。

2024 年，希望“希望”真的到来。也愿读这本书的你快乐，不止快乐；愿你永远被爱，不止被爱。期待你走进我的文学世界，我们一起成为充实且自由的人，在冬天把自己的一部分当作种子，埋入地下，默默积蓄力量，待到春天风和日丽的清晨，将它唤醒，然后等它破土发芽。

新的一年，让我们带着新的爱和新的喧嚣，步入春夏秋冬，一起把自己重新养一遍吧。

目录

第一部分

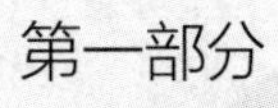

春生：珍惜野蛮有力的时刻

春天，我唯一做好的事情就是出发

自从搬到了上海郊区的新家，我每次出门都很费劲。我住在上海的最西边，但工作地点恰恰在上海的最东边，地铁通勤要两小时。刚开始，我在地铁上沉浸式地听课、看书，感觉赚了双倍的时间，暗自喜悦。可好景不长，我忘记了随着年岁的增长，人的身体是很容易疲惫的。

搬家一个月后，通勤和工作的辛苦，让我在地铁上垂下了脑袋，一路打瞌睡，经常做特别美好的梦——梦到自己到家了，门口有人送我鲜花，告诉我以后在家写稿就可以了，我的新书加印到了千万册，成为网络上人人追捧的文学博主，被很多人喜欢，大家都在看我的读书视频……

梦中的我欣喜若狂，待地铁停下，我猛然醒来，发现自己还在通勤路上晃晃荡荡，有时是坐着，有时是站着，这日复一日的通勤生活对我是最大的折磨。而支撑我上班的理由是——我的老板是风头日盛的某电商行业的第一名，关注度很高，我当时特别想借助他的势头和能量，帮图书公司的编辑老师卖书，包括我自己的书。

面试的时候，老板问我，为什么想做这个职位？

我回答，卖书需要情怀，可以帮到别人。老板欣喜若狂，动情地表示自己对图书也有情怀。

找工作就像相亲，第一印象和共同话题格外重要，显然我们“情投意合”。我每天早出晚归，前三个月战绩喜人，远远超出预期，老板特意为我招来了两个助手，我成了老板经常表扬的榜样员工。

每当他表扬我或拿一些化妆品等生活用品的样品贴心地放在我的桌子上时，我都会敏感地察觉到“危险”即将来临。如果人的期待是被业绩撑起来的，那最终一定会被数字打击到。当所有人的注意力都集中在数字上，判断标准特别单一时，目标就会失焦。

我把感受告诉了同样在做电商的朋友然然，她对我说："啊！所有人都在表扬你，你却在这里杞人忧天，这像话吗？"说完她顶着黑眼圈继续加班了。

我深吸了一口气，冬日与春日交替时，春寒料峭，过年时红色的贴画还未褪去鲜艳的红，我走在街上，顿时觉得特别冷。

果不其然，三个月后，我的业绩数字一直往下滑，下滑到我不得不找许多理由来安慰自己，同事们看我的眼神不再有欣赏，只剩下怀疑。老板也不再贴心地给我的桌子上放各种惊喜小礼物，甚至我主动去找他，他也不再抬头看我一眼。月底最后一天的最后一刻，我被告知要努力，不然就要被裁员。老板想给我机会，问我有什么话要说，我说："谢谢你给我的机会，没有卖好编辑老师辛苦做的书，真是遗憾。"语气中满是破罐子破摔的味道。

迎着老板错愕的表情，我快步离开了办公室，有种名为眼泪的伤感，滚到了我的脖子上，又落在了衬衣的领口上。人的皮肤如此敏感，眼泪和皮肤的温度相差无几，但眼泪却如此冰冷。

我不再挣扎，选择了辞职，结束了这份工作。之后，我经常和别人说这份工作让自己收获颇丰，他们追问，丰在哪里？我不假思索地说，不再惧怕丢掉工作。

工作十五年，这份只有几个月的工作破掉了我的执念，我之前始终无法理解什么是执念，这件事令我清晰地懂得，执念就是沉甸甸的欲念，想得到，怕失去，想执着地卖好每一本书，想把业绩数字保持住，全身紧绷，这就是执念。破解执念，就是放弃所有想得到的念头，享受当下，把此刻过好，忘记结果。

一旦破除执念，人就会打开一个全新的世界。

之前每结束一份工作后，我不会休息超过三天，便立刻奔赴下一个职场。这份工作结束后，我立志要去完成地铁上的“美梦”——全职写作。我打算只做几件自己喜欢的事——拍视频、看书、写作、听课、讲课……在生日那天，我默默地吹灭蜡烛，告诉自己：“从此往后的路，你要更努力地专注自身、建设生活。”

朋友问：“怎么努力，‘卷’吗？”我想了想，应该就是像播种一样，把自己重新“埋”在地下，重新生长，把自己重新养一遍。不是“卷”，而是让自己的人生重新舒展。

朋友哈哈大笑：“我读书的时候也是散散落落的，你那个时候就很努力吗？”我连连点头，我那时候真的很努力，一个人背着画板，去很多城市参加艺考，考了十三所大学的美术专业。晚上熬夜复习文化课，从不关灯，醒了就学习，学累了又睡着了……

我豁然开朗，我应该像读书时一样努力。于是，我立刻打开各种学习软件，给自己报了班，有学绘画的，有学日语的，有学解读散文的……在后面的很长一段时间里，我的手机一直在播放各种课程，我沉浸在学习的过程中。我并不在意自己是否真的能从课程中获得什么，也不期待自己刚开始写作就马上有编辑老师约稿，完全忘记了要去做文学博主的执念，反而活得越来越自洽。

我感觉到自己在生长，偶尔长势喜人，偶尔颓丧懈怠，但时间完全属于我了，我获得了前所未有的自由。之后，编辑老师发现了我，并跟我约稿，因此才出现了这本书，才出现了写作风格与之前有所不同的我——它是在我绝对松弛的情况下流淌而生的，是因我养护好自己的一切，节节生长而来的。它是我自然而然的样子，是我用泪水浇灌自己的忧伤后长出的一种成熟。如果你也看懂了我，我邀请你停下来与我交流片刻。

结束最后一份工作时，恰好是春天。我走到街上，在卸掉了所有重负后，才有心情去观赏陆家嘴附近的美景。高楼与高楼之间不止有川流不息的车，行色匆匆的人，也有温情且浪漫的咖啡馆，还有从容地等待着路人带回家的各种精致点心、鲜花。

我坐在上海最繁华的街头的咖啡馆中，看着桌上精致的摆件，店员温暖的笑容，顿悟到：一个人特别繁忙的时候，步伐会特别快，虽然一直在劳作，心神却是关闭的，他看不到任何美好的存在。因为一直往前冲，很少可以停下来专注地思考与体会。我和眼前那些匆匆赶路的人，就在顿悟的一瞬间，成了两种人，我也曾是他们。我不知道自己是被迫败下阵来，还是主动选择离开，但我真的“卷”不动了，这个繁忙、浮华的世界不属于我，我真的不喜欢它。

路过一面镜子，我看到镜子里的自己，肥胖、黑眼圈重、嘴唇发白，头发乱糟糟，白发已经从头顶开始蔓延到发梢，我不能再如此糟糕，我要重塑自己的世界。我对镜子里的那个人说：“再见了，我要去锻炼身体了，我要去追逐梦想了，我要重新活出自己的模样。”

在这个春天快要结束的时候，我唯一能做的就是重新出发、探索、寻找。

坚定不移是做一切事情的开始

《五十岁，我辞职了》这本书的作者稻垣惠美子，无夫、无子，一直一个人生活。她在五十岁时，打算辞职，重新开启自己的人生。为此，她烫了爆炸头，以此来告别从前的生活。周围的人无法理解她，说她已经这个年纪了，就不能再苦撑一下，等退休了再开启新的人生吗？此时辞职，太不明智了。

几年前，我读这本书时，也不理解她。我骨子里并不是热爱冒险的人。直到2023年我辞职后，才理解了她要“及时行乐”的缘由，因为一旦错过一刹那，她可能就没有勇气去突破了。我重新读了这本书，看到稻垣惠美子做了许多之前想做但没有做的事情，来尽情释放她的能量。

而我在想自己辞职后要用什么样的仪式来告别过去呢？我唯一的创举是把从前的衣服整理并清洗了一遍，挂在线上二手店售卖。幸好之前的衣服多半是商务风，款式不错且精致，短短一两周，便卖得所剩无几。我有些开心，以为这就是生活对我的奖赏，生活似乎在告诉我，只要你勇敢去做一件事，就会有人买单。

然而在现实中，我依然要面对成为全职写作者的焦虑——工作十五年，虽然一直都在写作，但基本都是利用工作日的晚上和周末、假期的时间来写，再加上自己出差较多，写作的时间断断续续。还好我的思路是完整的，我早已学会使用碎片时间来记录生命中的时时刻刻。

成为全职写作者后，我还是像之前一样早早起来，我背着电脑，穿过人群，走向咖啡馆，一日复一日，从未睡过懒觉，也从未停下脚步。但我明白，我的生活、工作，包括创作状态都与之前不一样了，我要赤手空拳地重新建立生活的秩序感，包括收入上的安全感、时间的自由安排，以此既保证创作的持续性，也保证收入的连续性。诚实地面对自己才是最难的事情，生命的状态无法恒定一致，我们都要在生活的不断改变中看到真正属于自己的内容。

离职后的第一周，我一直坐在咖啡馆里，看着人来人往。我的内心无比沸腾，无名的焦虑感聚集在我的心头，我开始给家人、朋友打电话，逐一通知他们，我要全职写作一段时间。大多数人都持反对态度，我的原生家庭，我结交的朋友都是安全至上的人，大家的诉求都是这一生努力工作，安然退休，不要冒险，不要变动，不要变化。尤其过了三十五岁，稍微有些风吹草动，就会承受不住。

离职后的第二周，我开始主动跟同行业的朋友交流，毕竟他们有些人做了多年的全职写作者，有丰富的经验。我发现大家的回答都不太乐观。一个一直做全职写作者的作家朋友，写得很好，但刚找到了新的工作。我问她为何不继续做全职写作者了？她说，不好做了，你也赶紧趁着年轻找个工作吧。我问，你现在找的工作是做什么？她回答，做代驾，能听到很多故事，比写作有意思。听罢，我顿时对生活失去了信心，因为我的工作必须与写作相关。

唯一一个非常乐观的朋友远在云南，她先生是大学教授，她一边照顾女儿，一边写作，忙得不亦乐乎。而我在上海，这两座城市间的距离注定了我们的生活其实是两种状态，没有可比性，也没有可以借鉴的地方。可能任何一个人的写作或生活方式我都很难借鉴，因为它们都有独特性，只能远观。

通过与大家的交流，我深刻地意识到，写作不是一件容易的事，无论是靠它谋生，还是靠它成就自我，都带着一种幻想，虽然美好，但与现实相撞时，特别容易破碎。

我终于理解了《小王子》里的小王子为什么会用玻璃罩来守护玫瑰。因为玫瑰不仅是爱情的象征，也代表了一切美好又脆弱的事物。只有在玻璃罩外才能既看清它的变化，又不打扰它，但玻璃罩又是那么脆弱，经不起风雨。

离职后的第三周，我突然明白一件事，一个人是很难从身边人的身上获取某种力量来帮助自己突破的，突破自己，要自己去说服自己。寻找崭新且适合自己的道路才是最难的，当有问题向身边的人请教时，就像跟过去的自己的一个“选择范围”交流，大多数的革新、变化都不奏效。

因此，我陷入了茫然，就我而言，当一个女性既没有取得世俗意义上的成功，又没有资源、没有支撑、没有金钱，甚至不再特别年轻，并且“闯”的精力和动力都在消失时，她与世界能交换的东西所剩无几，唯独剩下纯粹与真诚。

真诚是唯一的通道，真诚无坚不摧。获取真诚的力量的途径源自哪里，或者说，当我们发现身上的某种能量被覆盖，被隐藏时，该如何开启？我想，最快的途径，应该是让内心安静下来。心静下来看世界，与在浮躁状态下看世界，看到的其实是两种不同的风景。但大多数人急躁不安，这与充满不确定性的时代有关，与无法静心深度成长也有关。生活如同洪流，每个人都在洪流之中，遇见不同的沙石、灯塔、船舶、风浪，在这样的环境中让心静下来，是一件困难的事情。

我的全职写作计划还未制订好，就被编辑老师催稿，他主动敲打我："你该交稿了，现在也有时间写作了，赶紧写了交稿，还在磨蹭什么？"就这样，我的世界被瞬间敲醒，要不要做全职写作者，我还没有找到答案，但我可以以交上一本书的书稿为目标，先这样前进吧。

于是，我开启了全新的生活状态。早上七点咖啡馆开门，晚上十点咖啡馆关门，我陪着它开门、关门，沉浸在写作中。再没有人要求你朝九晚五，也再不用看任何人的脸色。虽然写作变现很难，但这是多么幸福的工作。我擅长想象，擅长运用感性的力量，擅长一个人做事，擅长写写画画。我喜欢安静和思考，喜欢感受与抒发，其实这些都可以通过写作这件事呈现。正当我沉浸在这种温暖的、只有写作才可以给我的链接中时，我接到了父亲的电话，得知他去医院检查时发现肺部肿瘤有了异常，一家人为此陷入选择困境，不知是该做手术还是该任由那个肿瘤生长。

我匆忙赶回家中，父亲为了不做手术，特意在我面前做俯卧撑："你看我身体多棒，你说我得做手术，这太令我伤心了。”我转过身去，突然明白，在某种意义上，我也正深陷和父亲类似的痛苦中。从表面上看，我过得很好，真实的生活却早已破碎不堪……我不明白，已经到了春天，为何还会如此寒冷。

父亲的手术还是如我所愿进行了，全程由我陪伴。原本两小时的手术，最终花费了七八小时。我一直站在手术室门外，那扇门来回在我的眼前打开又关上。我特别紧张，不敢坐下等待。我一紧张就只会站着，在我看来，此时的站立是一种诚意和决心。

我带着电脑，在父亲的病床前写作。写这本书，写我的经历和感受。北方，小城的春天依然格外寒冷，你只需把手伸出去，就能感受到刺骨的冷，仿佛要钻进你的骨头里，但只要你把手缩回来，又会被医院的闷热“蒸”到昏昏欲睡。县城的医院里几乎都是老人，鲜有的几个年轻人也是老人的子女，他们或忙忙碌碌，或低头看手机。和父亲同住的几个老人，在我陪护父亲的晚上，基本都是由我来喊护士换药，因为他们的子女白日工作，晚上守夜时累到起不来……

在医院的那段时间，我每天都被各种琐事缠身，还好有写作陪伴着我，让我感到自己并不是孤身一人在面对。写作十几年，我意识到书写对我来说，已经不再是工作，而是一个老朋友，它无时无刻不在陪伴着我，它十分了解我。所有的事情，我不再是一个人面对，我可以选择记录下来。记录的过程既是原谅和接纳，也是自我的和解与放下。

许多事情都是事与愿违的，而我恰恰是特别容易把事情想得特别美好的一个人，因此难免磕磕绊绊，难免失望。父亲住院的第三天，外面下起了鹅毛大雪。我买了一碗羊肉汤，这道美食陪伴我长大，长大后我经常怀念这一家乡的味道。记忆中，每到过年，家里都会炖羊肉汤，家人会往汤里放白菜、丸子，我在旁边耐心地看着。烧好后，放入辣椒油，我吃上一口，辣椒和羊肉的香气彼此成全，这成了我特别的回忆。眼前的羊肉汤虽然没有记忆中的味道，但人生何尝不是如此，无法预知未来，无法回到过去，我们小心翼翼地在现实中行走，怀念过去，展望未来。

不过,“展望”这个词并不准确。对三十多岁的人来说，我们应该活在当下，活在当天，活在现实中，活在自我的认同中。

至于我，这个世界上一本正经的大人已经有人做了，那我就去做那个有点儿不一样的大人，换一个路径去做大人，不再朝九晚五，不再走固定且安全的职场路。

如果此生注定不能富有，那就让我自由一些；如果现实无法让我自由，那就让我自己去寻找风，寻找触动，寻找那可能不是自由，却足以安慰我片刻的温柔。

再见，不肯老去的时代

辞职后，我其实接到了很多工作邀请，其中两个工作邀请最为真诚，一个是设计和美术类的微信公众号运营，一个是著名杂志的编辑。尤其是后面这个杂志编辑职位，之前我面试过两三次，当时急切地期待能够入职，但面对这次邀请，我却有了迟疑。重返职场一定是安全的吗？一个不服老、不服输、不想躺平，甚至还比较“卷”的励志女性，除了选择职场，还可以有更优的人生选择吗？

面对微信公众号的邀约，我特意约到他们的创始人，在一家茶馆与他攀谈了一个下午。作为新媒体，微信公众号已成为“古典”媒体，但这位创始人依然不甘心就这么没落，还在“垂死挣扎”，用之前赚到的钱投资拍短视频和做小程序，结果都失败了。看得出来，他对微信公众号的前景依然看好，还有许多不切实际又可敬的“白日梦”，但我并不看好他的设想，只好拒绝了他的邀约。

分别时，他说特别惋惜，没想到你是这么悲观的人。

我笑着摇摇头，没有解释。

回家的路上，下起了春雨。春雨贵如油，时间如春雨。我不是悲观，而是想顺着心意去做些想做的事情。虽然前程渺茫，我也并不确定能不能遇见光。我的心无比伤感，时间从不语，却用结果告诉我们——绝大多数东西都会过期，新媒体的表达方式也一样，写书也是如此吧，只不过我是念旧的人，像这位微信公众号的创始人一样，不舍得丢掉罢了。

我不是很擅长拒绝的人，连续拒绝两份工作邀请后，内心难免不安。尤其是一个很好的朋友特意打电话过来，想敲醒我："你房贷压力那么大，居然敢拒绝高薪工作？"

我顿时陷入更深的困惑，前方的路大雾弥漫，眼前的机会转瞬即逝，这就是我的现状。再也没有时间可以约束我几点起、几点睡、几点上班、几点下班，但我的生物钟依然迫使我早上五点半醒来，夜里十一点半睡去。我比之前更珍惜时间了，每天都会把时间安排得很满，要么写作，要么去谈合作，并从这种节奏中找到了类似学习时的紧迫感。

终于能够全职写作了，时间完全属于自己了，我必须特别努力，才能让不安消散。我要特别珍惜时间，更爱自己，了解自己，才能把时间用得更有价值。

我要迎着风，往前走，与凛冽寒风做朋友，与浪漫四季做知己。只剩一身孤勇，我好像什么都不怕了，也什么都不在意了。处在最低谷的时刻，不管他人怎么看轻我，甚至蔑视我，我都坚持认为自己应该更认真地生活，屏蔽所有负面消息，专心致志地做自己，全身心投入生活。

就在这个时候，又有新的工作机会来考验我，这次是一个出版社老师介绍的美术馆负责人的工作，据说能接触诗人、作家、画家等文艺类大家。我听得心花怒放，兴奋感让我当晚失眠。不过最终我没有被录用。好的机会不只是给有准备的人，它属于所有人。

我本以为准备好就能得到的机会，就这样失去了。我长长地呼了一口气，放下患得患失的心情，看向窗外的大雨滂沱。有些遗憾，但也在所难免。

在这样反反复复的选择工作与被选择中，我却没有如愿把自己推到合适的工作机会面前，我也终于理解了《老人与海》想表达的意思，并再次阅读了这本书。

忧郁的我就像每日出海捕鱼的“老人”，被困在某种认知里，在某一个社会层面的抛弃中，我早出晚归，两手空空，带着我仅存的浪漫，观察大海、宇宙，并得出诗意的画面、文字，来安慰自己的失意。默默写作的自己拥有稳定的读者群，但也影响力有限。我就是出海捕鱼的那位老人，需要与新的写作方向做无情的斗争，此时此刻，写作就像老人等待的硕大的“大马林鱼”，我要搏斗、完成、抵达，来证明自己的价值，让编辑认可，让读者喜欢，让更多的陌生人看见我……

编辑老师安慰我："还好，最后你这个感悟能结集成书，这样想是不是很棒？很多人都体验过糟糕的生活，但唯有你能清晰准确地把那种落魄与失落描写出来，这不珍贵吗？人生最可怕的是，你对不起自己所受的苦难，你敢在上海这么快节奏的生活中，去做一个慢生活的写作者，这本身就是一种勇敢啊，少女。"

虽然我并没有经历真正的苦难，更多的是在丢失与得到之间反复。有时候我以为自己得到了，事实上早已失去；有时我以为自己失去的事物，却在下一个路口静静地等我。成长就是一场撕扯，无情又动人。

我最大的困境，其实是自己的关注度不高，粉丝也不够多，不足以支撑我一心一意地完成梦想。编辑老师的选择也很多，虽然我有许多编辑朋友，也不乏有人对我说："等你的粉丝数涨起来，我们再合作一本书吧！"他们虽然认可我的写作能力，但不太想冒险与关注度不高的作者合作出书。为此，我常常感到前路黯淡。后来在日复一日的写作中，我渐渐地放下了这种担忧，想的更多的是该怎样写完一本书。我想的越来越少，反而在创作上越来越自由。

虽然不再继续在职场打拼，但我对时间和节气特别敏感。一年有十二个月、二十四个节气，时间和改变就在其中流动。每到一个节气，我都会在家旁边的一棵树下站许久，植物对自然的变化更敏感。我也会在每个节气结束时总结自己读了哪些书，与哪些人建立了连接，与哪些人一起连麦直播……做这些事情并没有缓解我的经济压力，却让我有了更多体会，我称之为“精神世界的积累”。

有越来越多的朋友与我见面后，在返程的路上给我留言，赞美我的状态越来越好。但我明白，真的让她们辞掉朝九晚五的稳定工作，破坏现在生活的秩序感，她们应该也不会选择像我现在这般漂泊不定的路。

写下的每一个字都不会撒谎，每天能完成的故事和字数也不能欺骗任何人，我有时也会怀念工作的时候，可以允许自己心存侥幸地偷会儿懒。任何自由的背后都有不自由，任何得到的背后都有失去，人生虽然不是处处失衡，但也终究很难平衡。

后来，总有朋友对我说做微信公众号不赚钱了，写书不赚钱了。但我想，一定不是这个行业不赚钱了，内容做得好的人一直在脱颖而出。金钱是有灵性的，它喜欢追求赤诚的人，奖励更有才华的长期主义者。行业的变化节奏很快，人又太贪心，没有跟上变化的节奏，或者没有找到下一轮的赛道，便会很快被驱逐出局。

我的工作从传统出版（杂志、图书）换到微信公众号，再换到自媒体创业，每隔几年就会迎来一场巨变。我经历了整个过程，冷静下来，领悟出一个道理——一个内容创作者，如果在种种变化中被驱逐出局，不一定要服输，但一定要认识到自己视角的局限性，要去总结和学习。

年轻人的思维变化很快，但市场变化得更快且没有规律可言。我们都要提升节奏，保持敏感，坚持更新、探索、向前。成功是一个总和，没有随随便便的成功，但随随便便一定会失败。

痛定思痛，我明白，身为一个写故事的人，我要去看山川河流，要去触摸绿草树木，要去看早晨与黄昏下的大海，去看大自然渲染的雪山与金山。我要全身心投入地去观察，活出新的自我，去认识、去拥抱日益崭新的世界，笔下才能流淌出更有血肉的文字与故事。

春天，是一个适合去远方的季节。我想去冒险，于是斗胆对过去说：再见，那些不切实际的想法；再见，时常令我崩溃且毫无价值的工作；再见，那些不认可我的人；再见，我过去的错误想法和认知……然后，步伐坚定地走向真正属于我的春天。我是植树节那天出生的，春风如果不得意，那我就自己去书写人生须尽欢吧。以此共勉。

允许自己的姿态不好看

我的朋友们都是勇敢的人，在别人都不看好的情况下，开书店和咖啡店的人比比皆是。海哥之前是头部读书会线下书店的主管，后来辞职创业，选了最难的赛道，在南京西路开了一家书店。我问他为什么。他说，因为喜欢，而且喜欢在最繁华的地方开书店。

我想写他的故事，一开始介绍他的时候写了“创始人”三个字。他却说，我不喜欢“创始人”三个字，你换成“主理人”吧。海哥和我一样，刚从职场人转换成创业者，对自己的角色认知还不清晰。在这个时候，他还在逐梦创业，开一家自己喜欢的书店，真的勇气可嘉。

我也不喜欢别人给我贴上“创业”的标签，更喜欢称呼自己为“自由职业者”。我的理解是，在这个不确定的时代，每一个人在未来都可能创业。我们要珍惜工作中每一个与之交流的人，每一个帮助过自己的人，维系好这些关系，日后想做任何事，或许都能从他们身上获得经验。

海哥想找好的内容来支撑书店，我便邀请松老师来书店做文学分享，没想到松老师不看好在书店做文学分享会，认为做这件事纯属浪费时间。听到他的理性分析，我当时也认同了他的说法。的确，冒冒失失地从零开始分享，且没有固定的听众，是很折磨人的。

但我还是鼓足勇气对海哥说：“不然我来试试吧，因为我喜欢文学分享，你缺少好的内容。”

海哥说："那行，你试试吧，不过，既然开始了就请你坚持住！"

我选了"女性成长文学"这个话题，就这样开始分享了。每周我会找一个晚上去分享阅读和写作。我先坐公交车，再转地铁，一路奔波。我感谢这样的机会，让我认识了更多的人，连接了更多的合作机会。听众听我讲课，被我打动，然后提出自己的期待——让我帮他们策划书，助跑他们的写书计划。

有一次讲完课，天空下起了春雨，越下越大。我看了下时间，是夜里十一点。某高校文学系的学生晓雪（化名）打电话给我，要采访我写作的故事。我坐在出租车上，与她电话交流。路过虹桥机场和高铁站那边的一条街，灯光闪烁，灯的颜色从蓝色到黄色一层层渐变，绚丽但不夸张，华美却不堂皇，把上海衬托得像个体面且注重细节的女人，美丽生动，神秘迷人。

我跟晓雪总结自己这一路的故事，想起最初朋友拒绝参与这件事，想起我毛遂自荐……在总结的过程中，我的内心升起了无限的感动。今年的自己好像比从前成熟了，真的成熟了许多，尤其是在与人合作等事宜方面，之前的合作无法推进下去，我会懊恼不已，从合作者身上找原因。现在的我会从自身寻找攻克难关的方法——我若想成就自我，成功做一件事，没理由遇事自己先退缩，我应该主动向前，主动付出、主动推进。

后来，我去了早稻田大学游学，听了后藤俊夫老师讲经济学的课程。后藤俊夫老师是《工匠精神：日本家族企业的长寿基因》的作者，他分享了创业者的“利他原则”，而这个原则的源头是中国商界最古老的智慧。他还分享说：“如果合作无法持续，是因为没有双赢。更想赢的那一方要找到更合适的路径破局。”我豁然开朗，从此以后，面对所有事，我都积极应对，对不想做的事及时拒绝，对想做的事全力以赴。突然之间，我仿佛找到了一种特别自在的状态，不再像之前那么拧巴。

在春天快要结束的时候，我被发小邀请去郑州的美莱集团做分享，主题是“女性价值重塑”。来听我分享的人都是爱美的女性，那天的分享活动结束后，我和她们挥手道别，那时已是黄昏。

北方的春天来得比上海晚太多，上海已是满街裙装，郑州依然春寒料峭。听我分享的一些女性加了我的微信，诉说了她们的故事，令我感到些许疼痛。疼痛虽然无法像重物一样被分担，但说出来就多一个人理解。虽然我无法和所有人成为朋友，但我是很好的倾听者。我在回程的高铁上安慰了许多人，在这个过程中自己沉甸甸的心事、现实的巨大压力，也在为他人讲课与分解痛苦中，一点点消融了。

我本不是特别热情的人，而是一个时常冷静地站在人群之外观察与思考的创作者，但我确信，自己正在一点点地改变，变得有温度且热情，变得有能量且愿意为他人付出。在那个春天，在我这颗种子还在地下深埋时，我就明白自己注定要成为一个骨子里浪漫且深情的人，一个虽与世有争，但不会以利益之分、绝对得失来指导自己前行的人。

每当这个时刻，我都很怀念第一次挑战自我的时刻，那个时候我还在意林集团做文学讲师，在我第一次去秦皇岛演讲时，我被吓得几乎落荒而逃，是孩子们的无限接纳和热情感染了我，令我鼓足勇气，一场接一场地演讲，讲了几百场。

没有勇气的时候，我就会看之前的照片，看百度百科上对自己的介绍，看从前的朋友圈，看自己闪闪发光的时刻。如果再给我一次机会，让我把之前的路再走一次，我还会有勇气，像二十多岁那样冒失且勇敢地前进吗？

答案显然没有那么肯定。但就在那个时刻，就在那个特定的阶段，生活选中了我，去经历、去尝试、去承受种种落魄与失败，也迎接了无数的掌声与荣誉。经历的时候会觉得是磨难，如今想来真的是我幸运中的幸运。

冥冥之中，应该是特别的安排和缘分，让我工作至今十五年，几乎在每个工作中都有采访、演讲的任务，让我遇见了许多人，并采访他们，写他们的故事。每次采访后，我都会关闭自己情绪的出入口，让自己缓和下来，总结这一次采访的收获与不足，同时把更多的目光凝视到不足处。我是一个很擅长攻击自己，但待他人很温柔的人，在自我认同这件事上，直到今年我才学会了如何认可自己，喜欢自己。虽然有些晚，但恰好能看到黄昏的美景。

晚风吹起，我格外羡慕那些日日直播的朋友，毕竟我自己每次结束一段采访、交流或直播，内心就会沸腾，许久安定不下来，我会失眠，会不安，会反复地思考自己究竟有哪些细节没有做到位。作为一个完美主义者，我似乎很难接受自己出错。出错意味着姿态不好看，意味着自己不够优秀，类似的执念一直控制着我。

直到今年，我渐渐放下执念，试错的过程必然会出丑，必然要迎接风雨，必然要经历种种幻灭，但还有一种出丑是人到中年，还没有足够的能量去追求梦想……

人到中年的自己，要重拾往日的勇敢，参与激烈的竞争，去面对生活本来的模样，去经历种种姿态不好看的现实与困境。一切重在参与，参与重在认真。允许一切发生，往前走吧，未知的一切在等我出发，我只能冒险而行。

这个世界是很好玩的

春天，我去拍了写真，看了看预约的时间，显示是三年前的预约。拍照的时候，我想找以前合作过的摄影师和化妆师，却发现他们已经离职了。三年前，我很喜欢这家写真馆的肖像写真，曾想过每年都过来拍一次当作纪念，但由于各种现实原因，拍照时间一直在拖延，直到三年后的今日，我才过来拍照。沟通的时候，我告诉化妆师，我想拍用于商业宣传的照片。

化妆师说："摄影师和我都是'00后'。"她为我化的妆容，显得我这个"80后"也年轻俏皮了许多。我有些不习惯，跟化妆师说："你别把我化成这样，我不太习惯，稳重的妆容才适合我。"

我有些怀念之前帮我化妆的女孩，她好像更懂我，她化的妆容更低调内敛。可这位可爱的"00后"还是按照自己的内心，把我化成了她想要的样子。

"年轻且温柔，可爱中带着一丝忧郁，就是你。"她对我说。

我惶恐不安，不敢接受她的赞美，连连摆手否定：“我已不再年轻了啊！”但看看镜子里的自己，化完妆的确比从前更好看了，很适合今天的拍照主题——“重回十七岁”。

她认真地看着我：“你很美，你要记住，‘我最美，管他呢’。这个世界是很好玩的，你不要丢掉身上好玩的一部分。”她说完，然后哈哈大笑，这大笑的声音感染了我。

许多年来，我从不曾这样笑过，或者我从来都觉得自己应该活得小心翼翼，不敢也不该仰天大笑。美食不敢贪吃，导致从此以后认为美食不重要，衣服不敢多买，认为衣服等于这一生会拥有的福气……即使遇见特别开心的事情，我也只会在心里默默欢喜片刻，然后提醒自己：“你要好好走下面的路了，荣耀的时刻已过。”

我不知道还有一种生活或快乐的方式，是可以张扬、可以任性的，而这种感受是今天拍照的两个年轻人让我学习到的——任何时候，都不要丢掉身上好玩的那一小部分。

拿到“00后”为我拍的照片，我很惊喜。我发现这张照片不仅适合商业宣传，也适合生活。最近几年，无论是工作还是旅行，我都会发自内心地欣赏比自己年轻的人，也喜欢跟他们打交道。他们身上洋溢着青春和新潮，骨子里有更多的不计较和求上进的力量，这些给了我许多启发，让我眼前一亮，让我发现世界真的很好玩，让我明白内心想要的成就不应该在苦闷中完成，更应该在不知不觉的好奇中抵达。

前同事“蛋糕”，是“95后”，她去年辞职后就开始了长途旅行。她租了一辆车，从成都出发，开车到拉萨。我也跟着她的朋友圈去“旅行”了，一路经过张掖、昆明、大理、成都，欣赏到了日照金山，草原湖畔……她给我留言：“亲爱的韦娜小姐姐，你知道吗？我在做之前不敢做但想做的事情，最起码这一年，我要好好旅游，去享受其中，去过一段年轻时最珍贵的人生。”

“蛋糕”的那段话给了我许多启发，在我生活的这座城市，我们听到的永远是“流量、交换、价值，是否值得去做”，而我们常常忘记，活着的每个人都是“游客”，忧心忡忡的我们早已误解“人生如戏”的真谛，反而活出了沉重感，忘记了初心。

哲学家席勒说："只有当人充分是人的时候，他才游戏；只有当人游戏的时候，他才完全是人。"

放松地活着，做一个心灵自由的人，你我身为世界的过客，任谁也无法做到求一得一，那么不妨大胆一些，活在当下。

我打开朋友圈，看到女孩们都在鼓励彼此活出自我，活成自己想要的样子。而什么才是理想的生活呢？

其实这就是一种掌控，鼓励自己去掌控生活。控制感是一种欲望，你想让生活的任何一种出发，都有路可依、有迹可循、有果可摘，但所谓的世事无常，意味着我们所得的一切，有时仍要依赖一些幸运。

反观我的生活，多么像端着一个极易破碎的美丽瓷器，我小心翼翼，轻手轻脚，轻拿轻放。面对诱惑，闭上双眼，不被拿捏；面对年龄，从不讨论，假装遗忘；面对梦想，时常叹息，几乎遗忘。我从不知道，还有一种活法是要经常把易碎的瓷器放在木桌上，挣脱束缚，轻松生活，才是最安全、最合适的安排。

那天晚上，我买了去西安的车票。在抵达西安后，我和发小一起拍了一套我一直心心念念的唐装写真。我们还品尝了西安的各色美食。西安夜晚的景色分外迷人，这座城市有种盛景永存的历史感，特别厚重，分外有格调……我终于实现了十年前就想来西安的愿望。我发现，原来满足自己的期待是这样简单，比满足同事或上司的任何一个指令都容易操作——只需一张车票，一碗西安的拉面，一个正宗的肉夹馍，一身唐装……可更多的时候，我们都在满足他人的期待，忽略自己内心的需求，忘记生活本来的模样。

回上海的路上，我一直在看作家七堇年的新书《横断浪途》，这本书有句宣传语是："这个世界的心很大，你也要这样。"而我深知，自己的心至少在这个春末无法做到像世界那般大，它还像一颗种子那般被深埋在泥土里，等待破土发芽，等待真实的自己被时间打开。

时间的密码，恰恰藏在自己的手心，遗憾的是那个时候的我并不清楚真相——那趟列车上的我，怀揣着天真与向往，日日沉醉于阅读、写作、绘画、摄影、拍视频，记录行人匆匆。

想到这里，我在要发的视频文案中写了这么一行字：好运请偏爱我一次吧。这个视频被许多人点赞、留言，看到有那么多人都在等待好运的偏爱，我反而没了信心。

我看着窗外一闪而过的景色，拿起相机一张张拍了起来，能救赎自己的只有自己。

我会亲自寻找到打开新世界的那把钥匙，让内心的种子重新破土而出，重新活一遍。

不断重新定位新生的自己

据说离职后要做的第一件事，就是删掉社交软件里不想再联系的人，尤其是之前工作中的合作伙伴。

我的离职特别突然，还没来得及删掉之前的同事，所以离职后的两个月还会有人来发微信问我问题，不过我都会耐心地解答。直到有一天，之前的合作伙伴责问我，为何消息回复不及时，我才意识到我没有解释清楚自己的离职，且未安排妥当，所以才有了后面的责难。

我赶紧发了朋友圈，告诉大家我的去向——毕业十五年，我要开始全职写作了。

那条朋友圈下面的留言特别多，有关心，有祝福，也有担忧，但更多的朋友私信我，问的问题趋于一致：怎么开启之后的全职写作之路？毕竟在他们心中，全职写作这件事，包括当作家，都是很不靠谱的，更何况，人到中年，处处是枷锁和束缚，“全职作家”这几个字眼，充满了散漫、自由的气质。

在许多人的心中，全职作者比自由职业者还要冒险，一个经常约我去看画展和听歌剧的朋友，在知道我决定做全职作者后，在约我看展时，给我发的信息都要额外加上一行字：一起来吧，我请你看。我每次看到这行字，眼眶都会湿润。谢谢朋友们在关键时刻，并没有“嫌贫爱富”地放弃我，还有朋友为我介绍工作，或积极主动地开展与我的新合作。

那条朋友圈发出后，我才发觉自己的人缘真的不错。有一个许久未联系的大学同学给我寄来了两箱大米，并给我发信息说："老同学，这是我们东北最好的米，你的新书上市后，我会支持你的！"

出版社的编辑老师给我邮寄了许多书，并表示："你喜欢看书，后面我再给你寄。"

一个从事服装设计工作的朋友，居然给我寄来了一大包头饰和衣服，她说："嗨，臭美的你，这些衣服你留着穿吧，反正都是样衣！"还有人给我送了熏香、雕塑，还有花朵和背包……最感人的是遥远的，未曾谋面的，生活在深圳的读者，为我订了一束花，花中夹了一张卡片，上面写道："亲爱的娜小姐，我知道你喜欢白色的香水百合，请收下我的祝福！"

人们在结婚、生子、找到新工作时，或者有其他好事情发生时，被送祝福、送礼物都是正常的。而我，一个离职的人，收到之前服务过的客户以及朋友、未曾谋面的读者寄送的礼物或表达的关心，未免有些受宠若惊。感动之余，我也深深明白，去爱的人收获了爱，浪漫的人最终收获浪漫。生活不偏不倚地爱着每个人。

大家给我的爱与温柔过于隆重，幸福来袭，我特别感恩——三生有幸，虽然自己是一个孤独且清冷的人，但遇见了这些真诚且可爱的朋友们，往后的路，我要继续努力阅读、写作、绘画，不负众望。

我对朋友的定义比较宽泛，没有那么严格，我把第一次见面交流就让我感到很舒服的人，或者我认为以后还会再见面的人，都称为“朋友”。虽然无法事事有求必应，但我的生存哲学是，如果我能帮到他人，就一定会在我的能力范围内毫不犹豫地去做。

离职本是一场伤感的告别，但在隆重的送礼物环节中，我也逐渐松弛、生动了起来。虽然我不是强者，但自己也不是绝对的弱者。之后的路，辽阔、清晰，我不必再执着于一种身份、一个标签，我拿掉公司给我的昵称和工号，那个名字、那串号码不能完全代表我，也无法代表前方的自己。

我开始一件件整理自己拥有的东西，并用《断舍离》

一书介绍的方法在电脑上总结和记录自己到底拥有多少物品。工作十五年，我经常马不停蹄地前进，很难拥有安静柔软的片刻，来安抚或整理自己生活里的内容，那些全新的、从未穿过的衣物，被忽视而躲藏在角落里的化妆品，只画了一张画就被闲置的笔记本……诸如此类，很多物品都是虽然我不需要，但一紧张或焦虑或忧郁时，就会刷卡买下的，我购买的只是一种陪伴与安全感。

仅是梳理这些物品，我的内心就舒展了许多。我感慨：定时清理内心，清理欲望，清理朋友圈以及繁杂的信息，把它们适时地请出生活，会让我们自洽、珍重，如释重负。

工作十五年，奔波于各地，为了爱情，我的工作也从北京辗转到上海。作为一个热爱生活的人，我总希望活得热气腾腾，遇见可爱的物件，我都会揽入怀中，想着让生活有一丝暖意柔情的美好，这导致我的行李越来越多、越来越重。清理的过程并不容易，幸好我杀伐果断。没几天，新家便空旷了许多，我甚至卖掉了一个刚买不久的新桌子……

我每次抬头，基本都已是黄昏。这个春天，在匆匆的告别中快要结束了。编辑来催稿，我才发现写的内容删删改改，并没有顺利进行。那天下了春雨，我把手从阳台上伸出去接雨，我很喜欢这个动作，因为这时我会感觉与天地连接，雨是最好的一条通道，我感受着它的温度、它的质感，我在心里与它默默交流了许久，直到雨停。

写作，漫无目的地写，用我自创的空白写作法来书写，每次编辑催促我交稿，我一定会失眠，整晚在写、在想、在记录，在催促自己快马加鞭。

在职场中，我曾经拥有过许多身份——意林集团的文学讲师、慈怀读书会的内容总监、世纪出版集团的编辑、快团团魔都 P 妈图书项目负责人，但最珍贵、最能支撑我的身份一直是写作者和插画师。我还在报班学习摄影，期待某一天能如愿成为摄影师帮大家拍照。

下春雨的夜晚，我想对自己说：谢谢你啊，亲爱的韦娜同学，不管之前的工作有多么辛苦，你都没有忘记用时间来浇灌写作与绘画。这些年一直有新书上市，一直有各种线上线下的活动如期进行，你才有了今日全职写作与绘画的底气。

一直在努力付出的人，也一直在得到，在她看不见的地方，在她最脆弱的时刻，在她最需要有人推她一把或她需要帮助的时刻。总有一股莫名的力量，推着她走向远方，那么坚定，那么勇敢。

写作，另一种活法

我被邀请在一个据说成员都是出版界大咖的群做分享。虽然激动且胆怯地接受了邀约，我却一直不敢分享，硬生生地将分享会延后了两个月。确定要做的事情不一定会等我们准备好以后才出现，它总是在我们慌乱或心惊胆战的时刻，把我们推到分享的舞台。

不管我如何找借口退避，邀请我分享的老师都不允许我再拖延，反而快速做了宣传海报，和我约定了做分享的时间。在分享的过程中，我过于投入，因而忘记了胆怯以及准备得是否充足这件事。分享结束后，许多人加了我的微信，问我如何看待写作，期待我继续分享自己是如何写作的……

这次分享给了我莫大的鼓励，我是一个低价值感的人，自我肯定往往无法鼓励自己，行业内其他作者朋友或大咖的一句肯定，反而会给我更多鼓励。

在全职写作之前，我白天上班，晚上写作，有时下班了还会在咖啡馆写到关门再回家。夜晚，我的脑细胞因写作而异常活跃，因此我常常失眠，黑夜就像我最忠诚的朋友，感谢它给了我灵感。

选择全职写作后，我基本在咖啡馆写作。上午的咖啡馆安静得出奇，下午人来人往，会感觉有些嘈杂，但我喜欢咖啡馆这样的环境——有人在你身边，且在忙他自己的事情，你们毫无关联，却在同一场所做自己最上心的一件事。当周围的人都在忙碌的时候，你却在安静地写作，没有比这种感觉更美妙的事情了，有种“遗世而独立”的快乐。

咖啡馆里故事多、素材多、环境好，还有咖啡相伴。

尤其是我经常去的咖啡馆里有一张很大的木桌，来来往往的人坐在我的对面，有人来开会，有人在算账，有人请了家庭心理咨询师痛哭流涕地诉说自己的不幸遭遇，也有人见朋友或相亲，还有人过来陪伴孩子写作业……我写累了，就会观察那些在咖啡馆来来往往的人，观察累了，就继续写作。

关于如何写作这个问题，我问了我最会写作的几个朋友，其中一个是上海戏剧学院学剧本写作的荷小姐，她的回答是："每天玩，玩，玩，玩到你愧疚，玩到你心虚，玩到你觉得自己对不住自己，然后趴在桌子上写作，灵感喷涌而出。"

带着负罪感去创作，故事很快成型，纠结也会很少。这种方法更适合写作多年的人，新人对故事逻辑不熟悉，难以效仿。

我又把这个问题抛给了我十多年的老朋友，另一个全职写作者——"妖精"老师，她出版过四十多本书。"妖精"老师说，她自己写作都是随心而起的，在熟悉的领域最高纪录每天写七八千字，没有感觉或繁忙的时候就封笔，写作的气韵需要封住，迸发时更有力量。

写作的过程，如入无人之地，看不到灯塔或路灯，人特别容易走神或迷路，尤其是初学者，会面对更多考验。静下心来，你会发现生活其实由许多碎片组成，写作考验的其实是你对这些碎片的整理和美化的能力。

在这块无人之地，写着写着，会忽快忽慢，所以我会把全部计划列在白纸上并将白纸贴在墙壁上，时刻提醒自己未完成的计划，这会让我有紧迫感和压迫感。

写作一定要有最后的期限，这不是编辑给你的任务，而是给自己设置的结束时间。不然你的故事就会一直拖延，在拖延的过程中，我们会为自己找完美的理由。人生如电影般一帧帧滑过，写作既是一种生活方式，也是一种思考方式，我们很难突破自我的局限，去书写不属于自己的内容。即使你有特别合适的借鉴或对标对象，也不要只想着超越他，要回归本心，完成专属于自己的内容，超越自己。

当你试着记录时，才能明白写作不仅能梳理你的生活和内心，更能归纳你所有的观察与思考。写作的力量不容忽视，因为它代表了一种缓慢的记录，这种缓慢需要艺术的情怀、勤劳的双手才能完成。慢慢地你会明白，写作不是写出来的，而是活出来的。写作这件小事，写下的是你灵魂中最深刻的一部分，像雕塑一样，一个字一个字地把自己的灵魂雕刻成型。

我经常鼓励身边的人写作，鼓励我遇见的人写作，可能因为我是写作的得益者。

我写过太多朋友的故事，后来他们的生活有了新的变化或故事有了改变时，也会来找我，为我讲述后面的故事，并问我会不会继续写他们的故事。每当这时，我都会说，应该不会。故事并不是越长越好，完整也并非完美，多一些遗憾反而更耐人寻味。

我做过纯净文学课，讲述文学故事和经典文学作品，和学员朋友们聚在一起时，他们对我尊敬有加，我和其中许多学员成了很好的朋友。也有人给我留言说，夜晚失眠时会听我讲课，把我的课程当作哄睡利器。

现在的我成熟了许多，不再把生活与写作分割来看，它们浑然一体，难分高下，难分彼此。

无论是写作还是生活，都不是非黑即白的，在层层叠叠的灰度空间中，我们都在寻找最适合且舒服的位置。生活里没有绝对的美好或灰暗，也不要想当然地以为处处都是假象、人人都在演戏，生活没有那么狡猾，它只是巧妙地让人意识到保护自己才是最安全的活法。

写作，永远如一片净土，如你的影子，如你忠实的灵魂，与你形影不离。前提是，你要看到它，看到自己。

我习惯到咖啡馆写作，不是为了咖啡的香气，不是为了人群的热闹，而是享受一种参与感，即使一个人默默地写作，也要活在一种生活里，跟人有连接，跟外在的世界有呼应。我不仅是一个写作者，更是美好生活的记录者，漫漫生活的思考者，丰富人生的漫游者。我若想要努力地把自己看到的一切记下来，就要参与到人群中，活在热烈或冷淡的生活视角里。

往前走吧，顺势而为，不纠结的时候，反而更能看清自己的需求。

若赶不上日出，不妨看看夕阳

春末，上海的天气已很热，带着潮湿，紧紧地包裹着路上的每个人。北方人初来上海，肯定不习惯这样的阴潮。

我刚到上海第一次经历梅雨天气时，自然也不适应。如今，我已不知不觉在这里生活了七年。每年的梅雨季节，我居然都有些期待，因为在潮湿的天气，路面会生出苔藓，会令人感到这座城市非常宜居，我喜欢有苔藓的路面，有生机且有活力。

梅雨季节像一个撒娇的女人，在细节处总有出其不意的风情。咖啡馆的冷气开得很低，我已感冒多日，经常感到头疼欲裂。那个时候，自己并没有意识到生命深处涌动着一股前所未有的力量，我正在被生活嘉奖……

直到编辑把我之前的一本书的成绩截图给我："真没想到，这本书去年怎么用力推，它都不肯前进，今年却像是自己长了双脚，拼命地跑到了最前面。"应编辑的要求，我去翻看各个平台的留言，才知道这本书加印了十几万册，也看到了几个月前一些读者的留言。

当晚，我内心涌动着一股前所未有的激动和感动。抱歉，我这么晚才看到你们的读后感，也很抱歉，我去年的书直到今年才被那么多人看到。夏日将至，好运终于偏爱了我一次。

写作者，包括创作者，我们真的要有耐心去等待，在无人鼓掌时，依然有状态、有期待地写；在无人问津时，依然对自己抱有信心；在全世界都否定自己的时刻，依然要肯定自己。

编辑问我有什么感觉？我想起一句话：若赶不上日出，不妨看看夕阳。

夕阳虽然没有日出的懵懂与朝气，却多了岁月沉淀后的美感与包容。不一样的风景，不一样的韵味，一样的美与自由。如果你因没有及时被肯定，没有在最初听到掌声而沮丧，那么，我邀请你耐心等待，等结果浮出水面，等自己的努力被看见。于是那段时间，我的座右铭变成了

“你要做的事情，永远是与好运在一起，或在走向好运的路上”。

去年四月新书上市的时候，我连麦了四十多场直播，依然没有把它推到更好的排名。新书推广期一般是三个月，三个月看不到希望，营销老师就会把注意力转移到其他新书上。当时失望的自己，似乎听到了编辑老师在北京轻轻地叹了一口气……不仅是他失望，有段时间我对自己也很失望，无能为力的感觉也曾困扰着我。

直到今年四月，那本书却像初醒的种子般，睁开了惺忪的双眼，慢慢发芽，在某个春风入夜的晚上，猛然长大，迎来了我们共同的春天。我也被更多的人看到，被更多的编辑关注到，他们都来约我写稿。有编辑老师来找我：“你写作了十几年，有没有想过把这十几年的文稿重新做成一本新书上市。”

我开始有些激动，后面平静下来，并未答应。仔细想来才发现我是这样挑剔的一个人，对过去的作品总是不够满意。我总在想，下一本才是完美的作品。这导致我每次写完一本书，便会陷入焦虑，把写好的文稿打印、修改，反复多次，才肯交稿，交稿以后绝不回头看一眼……这样不好，我也在寻找令自己自在松弛的生活方式。

承蒙生活厚爱，我在写作这条路上，一直在前行，虽然天生愚钝，停停走走，但最终赢得了被许多人的认可。我经常收到一些朋友或陌生人的留言和鼓励，在此一一谢过，我是多么普通的人，得到了那么多人的认可，是这些满溢的爱让我从容，也让我越来越自信。

我一直记得大学刚毕业时，曾鲁莽地打电话给我的一位老师，恳求她帮我介绍出版社的老师出版我的小说。她拒绝了我，认为我眼高手低。我也曾求助图书编辑暖暖，感谢她当时鼓励了我，感谢当时的自己并没有放弃，持续写，不停地记录，才有了今日多本书出版的收获。在写作的路上，我从未因为任何人的话而放弃自己，我并不认为自己是绝对正确的，但我坚信，实现梦想，或实现自我的旅途本身就会听到不同的声音，有批评，也有赞美。

当你开始去做一件事时，在最初的时刻，很可能会被打击。如果你有很多朋友，那么打击你的人也许更多。但当你坚持五年、十年，有了真正的成绩，这件事深入你的骨髓时，你才会迎接更多的鼓励与温暖。这个过程虽然有些漫长，但寻找自己的过程本就是漫长的旅途。

我原谅那位打击我的大学老师的契机，是前年听闻她身患癌症去世的消息。我前往成都送了她最后一程。大学的景色，仿佛比从前明亮了许多，与记忆中的差别很大。我心中的许多情绪被激发出来，静静地流淌着。那些打击过我，拒绝过我，帮助过我，爱过我，以及我爱过的人，在这一刻都值得被原谅、被怀念、被感谢。那些鲜活的人，我的校友、同学，还有大学的生活，成都的美食，我曾一直暗恋着不敢表白的男孩，我爱过和伤害过的人……谢谢你们曾来到我的生命里，让我的情绪连绵起伏，让我的生命因相遇而生动深刻。

我们一直在讨论的“和解”，其实是一次深刻的认同与理解——当你越来越理解自己，越来越知道自己想要什么时，就会聚焦，取舍自然分明。

我渐渐明白，我要为一座山而写作，为一片云而留驻，为一段时间而倾注所有。我不再鲁莽地只爱世界而不爱具体的人。爱世界轻松，爱具体的人注定艰难。

一个人沉浸在自己的世界里，会很少再去想其他事情，我喜欢这样的状态。《孤独六讲》里写，生命起初的爱恋对象应该是自己，要学会写诗送给自己，与自己对话，在一个空间里安静下来。我想，这个空间特别重要，我的空间就是在我写作的田野上，写下我所看见的故事和人群。你也要找到属于你自己的空间，以此归属心与梦想。没有归属的人，注定终生漂泊。

无所求必满载而归

一旦走过了特别年轻的阶段，就会发现在之后的时间，所有的一切都在滑行，以你想象不到的速度，飞快地消逝，包括时间、梦想、身边的人与事，都在浮动中消逝。真的是“世事一场大梦，人生几度秋凉”。

如果恰好你习惯于握紧拳头，不肯松开一切，是个念旧情又浪漫的人，可能会因此拥有许多痛苦。感谢身边那些比我年轻许多的人，那些“95后”“00后”们教会了我学会“看轻”，学会把拳头松开，不再固执地把所有关系都急切地处理成亲密关系。当我有困惑时，我不再执着地相信年长者的建议，反而会把目光投向比自己年轻许多的人。他们简单、纯粹的力量与想法，让决定做得更干脆、果断，这反而是解决问题的利器。

我很容易对初次见面且相谈甚欢的人怀有某种热情，总想把他们拉入自己的世界。随着年龄的增长，尤其是到了三十岁后，我渐渐发现拉扯不动了，无论多么喜欢也无法深度交流，反而更喜欢当下的力量，珍惜当下的遇见。我不再认为长久等字眼格外美好，反而觉得当下的瞬间具有更珍贵的力量。

今天约见了一个 1999 年出生的摄影师，她长得特别漂亮，两年前我们就约了拍照，终于在今日见面。一路上，我们有说有笑，三观和笑点都出奇一致。

她说，自己最大的期待是简简单单地生活，去不同的城市看看，去拍照，最终定居在上海，住在静安寺旁边的老房子里，有一扇朝南的绿色窗户。不管房间面积多大，只要家具是原木色的就行。

与她告别后，我们各自乘坐地铁回家。我看到她的朋友圈写道：今天给一个作家小姐姐拍照，我曾鼓励她辞职去做自己喜欢的事情，她真的去做了，我也很为她开心。

人和人的连接是很生动的，瞬间的温情和感动最能打动人心。

我越来越发现，陌生人或初次见面的人，可能会给我们更多的关注与鼓励，熟悉的人，从原点一起走来的人，反而会有分歧或不同。熟悉的人虽然了解我们，但同时也会对我们的判断固见太深。

我曾问导师，不应是故人才会因回忆而有更多的生命连接吗？

导师回答，并非如此。

去苏州出差，我见到老同学，交流的过程中有许多不顺畅。我本来很难过，身边合作多年的小伙伴安慰道："你毕业这么多年了，你们已经成了与从前不相同的两个人，此时此刻，彼此都很陌生，还没有建立亲密关系。"

她的话给了我启发，即使是从前很熟悉的朋友或亲人，分开一段时间后，也要重新开始梳理一段亲密关系。所谓的亲密关系，其实是深度的交流和理解。交流得越多，了解得越深刻。特别亲密的人在分别后，都有各自的遇见和成长，会成为不同的人。重逢时，需要再给彼此一段时间来互相了解，所以才容易物是人非。

我身上存在一个非常严重的问题，那就是期待把每一段关系都处理成亲密关系。虽然重情重义，却会被自己所累。每次出差去分享和讲课，或者新书上市遇见喜欢自己书的新朋友，又或者去异国他乡旅行偶遇的摄影师，每一次从远方来聚餐的老朋友们，我都会期待彼此可以多熟悉一些，多交流一会儿。可往往事与愿违，生命是流动的，人也是如此，我们顺着自己的河流往前奔腾不息地流着，不会为任何人或任何事停留太久。即使停留，也是暂时的。

现在我反而会怀念职场，我在职场走过的路，无一不是斗争的路。作为职场老好人，我平白无故地受过许多委屈，但我应该算是职场的幸运儿，受委屈后总有其他嘉奖在等待我捡拾。我日渐意识到，改变人生的事情通常伪装成坏消息的样子，突然来到你的生活中，令你坐立不安。

但把时间线拉长，往远看，往更远的地方看，我们会发现自己一直在收获，从未有过真正意义上的失去。

离开职场不过几个月，我回忆起职场的种种，居然有种恍如隔世的感觉。

我依稀记得，自己在某家新媒体平台工作时，突然接到通知，说不需要再写女性成长读书会的内容了。当时我内心惶恐不安，过了一段时间后，创始人指责我说我的业务方向不准确，且把我的代表作品全部换成了公司的合集……

我在愤恨中辞职，也曾在想起这件事时泪流满面。随后，我关注到那家新媒体平台很快走了下坡路，这时我的内心倒是有了牵挂，还曾与创始人电话交流，并宽慰了他。他向我道歉，我受宠若惊，从此释怀……往后虽再无交集，但内心已安。

从此，我不再简单地把职场理解为战场，职场人也不是久经沙场的“侠客”。人不应该委曲求全地穿行在职场中，把所拥有的一切都消耗给工作，要有时间去生活，享受大自然，享受阳光，享受美食，享受与人的亲密连接。

成熟的职场人会察觉自己的情绪变化，尊重自己的感受，认识到自我的边界感，在不伤害别人的前提下，多做令自己愉悦的事情。人放松下来后，对他人与世界也会和颜悦色。我之前还想过要开设写作疗愈课，让跟着我学习写作的人，与我一起习得身体、精神的放松，学着松弛下来。

成熟的生活者都能照顾好自己的身体和精神，自身圆满后，才能不遗余力地去欣赏他人、关照别人。无论是职场还是现实的生活，你永远都是拿出去多少，就渴望通过某种方式，比如控制、发泄、索取、期待，变相地要求对方回报，这对自己是一种损害，对他人更是负担。我越来越坚信得到与付出的平衡。失去的一定是不重要的，得到的才是真正属于自己生命的内容。

成熟的生活者越来越能允许所有人离开，允许万事万物都有自己的方向，允许别人的信口开河，允许别人没有对自己兑现承诺。能原谅的人越多，内心平静的力量就会越强大。平静是力量，是能力，也是生活的嘉奖，相信人人都喜欢平静如湖面般的世界。

成熟就是不再理所当然地接受

在春天快要结束的时候，我被邀请去一家书店做分享，有人问我：“你写作那么多年还没有红，还被人称为‘鸡汤女王’，你会有压力吗？之后会做怎样的改变？”

大家哄笑。几年前如果听到这样的问题，我会非常伤感，“鸡汤”这两个字，我其实是有些排斥的。

不知何时，类似的问题或更尖锐的问题，已无法困扰我，虽然我并没有确切的答案，但越来越坦然。

写作十几年，各种压力无时不在，成长、婚姻、事业等，都有自己的形状，有时我以为已经触摸到了幸福的完整模样，却发现它又悄然变成了另一种压力存在着……亲爱的朋友们，我还在做着各种改变，写小说、写话剧、写插画故事集以及重拾画画。压力这件事，至少在我心里难以转化成动力，我更习惯以自我更新为标准，来看待生活中自己的状态。

我经常把自己想象成一个画板，各种经历和遇见都是不同的颜色，我尽量避免让自己的生活颜色单调或活成单向度的人。我所理解的丰富人生，不是经历种种事情，而是顺着心意去生活，不管岁月几何，自己的心都能平静且敏感地感受、感恩。任何时候，自己都有勇气去改变，也有能力去接受。

当然，我也有自己羡慕的人，就是那种简简单单，却很有力量的人。他们有的是年纪很大，住在养老院，但年轻时去过远方，有过许多经历的老人；有的是跟着我学习写作，与我交流许多的年长女性，她们既有生活的智慧，也有独特的力量；还有的是普普通通却极有灵性的孩子。

我和一位朋友去一家茶餐厅看小朋友们的画展，我的内心雀跃极了。他们笔触新鲜，画风大胆，很有想象力，给我的感觉是我们苦苦寻找的松弛感都藏在孩子们的艺术品里，任凭成年人如何想寻找轻松的美，都比不上孩子们的笔触。

我对朋友说："我们真的要非常努力，去追赶小朋友了，你看，天赋异禀啊！"

朋友点头认同说，天赋真的存在。

这时，我又感到了新的压力。我的压力不是在看到其他朋友新书上市或获奖时而来的冲动，反而是在日常中看到一些非常触动自己的事情后，随之而来的紧迫感。美无时无刻不在，敏感的人察觉到它，粗心的人错过了它。我不甘心错过所有的美好瞬间，但也无法把全部细节一并揽入怀中记录下来。感受力是一个人能拥有的最好的能力之一，我们生活、经历、跋涉，都是为了浇灌感受力，令它丰富、自然、舒展。

看完画展，我们又前往白马咖啡馆。咖啡馆的主理人 Joy 姐邀请我去看她们正在做的一个画展，画展上的画都是患有孤独症的孩子们画的。Joy 姐和她的同事把孩子们的绘画作品放在了咖啡馆的角角落落，有的印在了咖啡杯和杯垫上，有的做成了装饰画，有的做成了工艺品……我购买了一个杯子和一个杯垫，杯垫的图案是一个男孩画的粉色星球，画作特别细腻，能看到粉色庄园里的橙色人群，虽然认知错位，但表达足够清晰，足够美。

我拿着杯垫想了许久，也许他们画中的世界正是他们眼中真实的世界，要允许地球在其他人的想象中并非蓝色。

不了解一群人的时候，人会有自己的想象和假设，难免失真，只有靠近才会纠正自己的看法。如果之前的自己是站在房屋里，从窗口往外看人群，现在的自己更想走出去看、好奇地走近看人与事。在走近看的过程中，推翻自己之前那些不恰当的、自以为深刻的理解。

人活在自己的世界里，不可能全然理解另一个人。一个阔别已久的老同事在某天午后给我留言，说自己情绪不佳时，会看我写的书或我拍的视频，以此汲取能量，或与我作品中的人物共鸣。但平日里她不会看我写的书，即使看，也是匆匆打开，又匆匆合上。我写的书是缓解她焦虑的一剂特效药。一想到这个城市里还有一个人在专心致志地写作，她也心安许多。

人和人之间隔着一座高山，难以逾越。带着某种好奇心，一探究竟后，多半会失望而返。我经常看到那些匆匆打开我的书的朋友们，费尽周折地联系到我，加我的微信，看完我的朋友圈，对我说，你好，你是我加到的唯一还活跃着的作家，真的很开心，保持联系。然后，我们再无联系。

并不是所有想要的一切，我们都能将其变成现实。一生漫长，现在想要的东西未必是未来想要的东西，已经走到的山顶会成为山坡，在继续往高处走的路上，山顶仿佛并不存在，永远有更高的山巅。越来越好的“好”字，并不是一个标准，而是一种期待，我们容易把期待当成标准。

没有理所当然的得到，却有不知不觉的失去，在追逐的路上，我们的想象力越来越枯竭，除了交换与奔跑，几乎忘记了要不断地挖掘自己内心的感受，这才是成长的正途。

每个人的心都是巨大的宝藏，只是我们常常忘记它，当心越来越钝化时，人也会越来越迟钝。我感觉到心的存在时，状态最好，一旦失去了对心的掌控，人也会失控。文字不欺人，也不欺我。我们是什么样的状态，什么样的感受，文字都会帮我们准确地表达出来。你清澈，它也明朗，你浑浊，它也散乱。

我并不在意他人的评论了，直播连麦了那么多嘉宾，几乎都要谈到一个话题：你怎样看待别人对自己作品的看法？所有嘉宾一致表示，只有他们评论我，我从不关注他人的看法。关注当下，埋头做事，不闻世事，是解决所有问题的最好办法。

我如获至宝，埋头苦干，日日锤炼，在我小小的世界里，越活越勇敢。我不止一次地问编辑老师："未来会好吗？会有更多的读者看见我吗？"

我突然想到一个读者对我的期望是，请你不要太红，红了我就觉得你没有时间属于我。你的每一本书我都会收藏，你写的故事我都很喜欢，虽然我不爱看书，但只是看到你朋友圈温暖的更新，看到你还在写作，我就充满希望，格外有力。

我想，自己作为写作者，可能也是在为这一小部分人书写，不停地写，只为遇见他们、理解他们，就要耗尽我所有的力气和所有的幸运，我又怎敢有奢侈的期盼——让所有人都遇见且喜欢我这个默默无闻的写作者。

春天即将结束，黄昏已降临，暖风中，女孩们穿上了漂亮的长裙，摇曳生姿。我收拾好电脑和外衣，离开咖啡馆，走向了我的夏天和我的夜晚。夏风已至，酷热难当。

第二部分

夏盛：盛开就是一种治愈

这一路坎坎坷坷，你辛苦了

作为一个钝感力十足的人，我发现一旦事情有了最后的结束时间，就会变得简单。如果没有约定结束时间，事情便会越拖越久，越拖越难，这件事终将成为遗憾。

在这个夏天，为了给自己寻找到合理且准确的人生目标，我在最迷茫的时候前往北京参加了一次有关目标设定的课程。这些年我学习了各种领域的课程，以此来挖掘自己身上的潜能，很多课程的用处并不仅仅是学到新的内容，而是打开我们认知的一部分。哪怕最终打开的只有一个小点，只发现了一点亮光，也是万分值得的。

讲授目标学的老师知识储备丰富，他帮我设定了未来要做的事情，他见我态度不坚定，便特别严肃地问了我一句：“假如很快到了死亡时刻，你距离自己的目标还差多远？”

这句话的确威慑住了我。我看向窗外，窗台上有三只鸟，一只鸟飞走了，另一只也飞走了，还剩下一只呆呆地站着。突然它猛的摔了下去，不知是跌落还是飞走了。我突然想起昨天催我书稿的老师，今晚是稿件的截止日期，我在想自己未完成的原因，真的感恩每个老师为我的真情付出……

所有散落的思绪都被这个问题打乱了，万事万物都有结束的时间，我也不例外。显然，我是拥有特别多梦想的人，此时此刻，实现自己设定的人生大目标的可能性不到一成，巨大的焦虑笼罩着我，令我无法正视我匮乏的内心。我拿着老师给的白纸，一条条写下自己的目标。我每写一条就会振奋一下，写到最后，我仿佛目标已经实现了那般，感觉特别快乐。我很想对老师说，这个死亡目标的设定，是我今年最大的收获。它让我清晰地看到了自己生命的走向，好像不是生命的自然走向，而是我对生活的一种浪漫设想。我想，生活就是一场自我预演的奔赴山海，是自己勾勒的起伏曲线。

在没上目标学课程时，我潜意识里误以为自己是永远存在的，即使有危机意识，我也很难思考长远的以后。结束课程后，我回到家里，开始搜索几位著名作家的写作故事。

我最喜欢的迟子建老师写了三十多年，出版了八十多本书，其中十几本是长篇小说，她几乎日日都在锤炼文笔。写作即修行。

残雪老师也是一个极其自律的人，她每天的生活跟康德保持一致，四十多年来日复一日地过着“单调刻板”的文学生活。她早上七点准时起床，九点开始花一个半小时阅读和写作，下午两点开始阅读和写作，时间也是一个半小时，这两部分时间她写的是哲学书，晚餐后，她开始进入一小时的小说创作时间，然后是英语学习时间，这就是残雪老师每天的生活，日复一日，周而复始。她的生活非常简单，几乎没有任何社交活动，所有的活动都在家中完成：一日三餐、读书写作、运动，她摒弃了世俗的各种诱惑，对衣食住行皆不讲究。

一生出版近三百本书的林清玄老师低调地说，我最好的作品还没写出来，我还没有达到想要追寻的境界，所以会不停歇地创作。他有时会同时进行几部作品的创作，写完一本出版一本。

类似作家的写作故事给了我很大的冲击，我扪心自问，自己能不能像其中任何一位作家那般投入地写作。毕竟写作多年，我从未想过要给写书列计划——这一生要写多少年，完成几本书，这一年要写多少本书，完成多少字。我一直随心所欲地写，累了就休息，醒来继续写……没有目标的人，生活很容易变得散漫。

回想过去，有过几个编辑约我的书稿，都签订了合同，但因为种种原因，最终我都没有如约交稿，书也没有顺利出版。虽然已经出版了七八本书，但现在回想起来，我还是懊悔不已，心有遗憾，当时还是不够成熟或勇敢，如果再多努力一些，多书写、多创作，甚至辞职一段时间去完成这件事，可能会有不一样的结果吧。

如果下定决心要成为一个专职的写作者，请记住，作品就是你灵魂的最精准体现，重视作品就是重视自己，对作品苛刻一些，读者就会对你友善一些，作品传播的范围也会更广。每一本书在无形之中都有自己的双脚与灵魂，自己会走，会跑，会有自己的路。

一旦有了准确可行的目标和计划，往后的路就清晰许多，脉络呈现，生活重心也可以更清晰。从此以后，不管生活对我有多么苛刻，我也总能轻易放下，放下即解脱，我找到了安抚自己情绪的理由："算了，跟我长远的目标相比，这一点得失不算什么。"

我们给自己定目标的时候总是很"狂妄"，因为对自己了解得不够深刻，目标才会忽高忽低，有时忽然高到难以实现，有时目标忽然低到我会怀疑自己是不是即将"躺平"。好的目标一定是因自己特别了解自己而设定的，而不是随心所欲的一种假设。

上完课回家的路上，高铁疾驰，窗外山峦起伏，我内心的焦虑如乌云散去，令身心倍感轻松。虽然我还没有确定可以写多少本书，但至少有一点是肯定的——我开始重新思考时间的价值，思考我离开世界时会期待留下怎样的作品。从今年立夏开始，我打算为自己而活，即使不能绽放，也会有其他的收获吧。

从春天到立夏，我已经从一个慌张的失业者转变为初步成功的自由职业者，这中间任何励志的故事、电影、语言都没有办法帮助或抚慰我，毕竟身为谨小慎微的小镇女孩，我一直以为自己会工作至退休，在一个岗位上刻苦勤勉工作到职业生涯的最后一刻，只要别人不变化，我就会安心追随。成长的路上，我一直是很好的追随者，追随父亲的想法，追随我先生的意愿，服从上司的安排，以及尽力满足同事的期待，尊重编辑老师的要求……可是过度努力，过度讨好，都是一种病，真正好的生活是要好好地追随自己的内心，去创造、完成、抵达的，我不再小心翼翼，开始沿着适合自己的规划生活。

人生并不漫长，生命总有结束的时候，我们想成为怎样的人，想完成怎样的作品，想留给身边的人怎样的记忆，都格外重要。夜幕已降临，太阳又会升起，我们在种种变化中，在风雨穿梭中，不时遇见崭新的自己。我亲爱的朋友，请保护好自己，要经常对在摸索中姿态不好看，或狼狈或疲惫的自己说：“这一路坎坎坷坷，你辛苦了。”

有时迷茫也是一种优势

第二次去北京上目标学的线下课程时已是深秋，昨日夏日不肯离去，今日寒风忽袭，秋天瞬间到达。上课时，老师提出了一个要求，请我们认真寻找自己的优势。

来上目标学的学员们都在认真写下自己的优势，比如努力、智慧、平和、善良等。此时，我听到了一个在大学教高等数学的女教授说，虽然自己已退休，但她最大的优势是迷茫。她如此归纳自己，实在令我耳目一新。

她说，自己还有许多想要挑战和完成的事情，于是她报课、学习、实践、旅行、帮助他人，从未停歇。但她也有困惑——自己聪慧且有能量，学东西很快，但缺乏深度学习的能力，所以经常一项内容学了一半，又被新鲜的事物吸引。于是，不得不被困在选择中，患上选择恐惧症，陷入迷茫之中。

如此听来，这位可爱的教授活出了一种先锋的生活方式，毕竟更多的人循规蹈矩，从年轻时便被灌输了要找到更安稳的方式去生活的想法，于是他们不敢冒险，不敢用自己的方式去生活。反而等年纪大了，拥有了更有保障的财富与智慧，也拥有了某种更为自由和确定的信念，才有了勇敢和愿意尝试的心，让自己在不同的赛道上自由驰骋。

在课程进行到一半时，我又发现，在三十个学员里，有一半是中老年人，他们在梦想这一栏写下来的期待，浪漫、独特且大胆，多为探索生命不同阶段的行为或举动，而年轻人反而失去了想象力，基本写下来的都是做生意、成为“网红”。在难以实现的目标一栏，中老年人写下的目标则特别现实，他们因为对自己的认知过于清晰而显得拘谨，甚至有几个人干脆空了下来，并未填写。

究竟是什么时候，我们慢慢变成了不敢幻想、不敢期待的成年人？或认为幸运与从容，松弛与美好，都不该属于自己，美梦终会成空。如此想来，我也变得莫名伤感，内心涌动着的无限热情，被封印在了一个类似于“桃花源”的空地之上……

在梦想这一栏，我禁止它空白，因为那会显得我毫无活力，于是我写下了“写作”二字，我内心其实也有其他奔腾不息的想法，比如成为珠宝设计师、成为比现在更知名的插画师、写小说获得更多的文学奖项、去世界各地旅行和记录当地的生活风貌……

交完问卷，我甚至不敢确认，还特意跑到老师那里，让他帮我敲定。在交问卷的过程中，我发觉中年人才是真正的“迷茫的一代”，围绕老师探讨的人，都是困惑且负重的中年人，他们站在“未来出口”的问题前面，反复思索，徘徊不前。

最自在的反而是几个老年人，他们怡然自得，自信满满，仿佛对所有事情都胸有成竹。即使面临时间危机，他们也仿佛拥有绝对强大的处理能力。

一个帅气且骄傲的少年，写下了自己的目标——成为全世界伟大的建筑师，目标即使空洞、远大到不可理喻，也不会被人否定。他的妈妈看着儿子写下的目标，激动地险些落泪，这也感染了一旁的我们。

我问她，你确定他的目标会实现吗？

妈妈说了一句很有智慧的话，目标多半都是用来失败的。即便冒险失败，他愿意尝试就很好。

当目标只是目标时最为空洞，而当目标成为人生的一部分时，则显得合理又特别。目标导向的人总会处于持续失败的挫败感中，只有把所做的事情放在成长系统里，才会更自然。比如减肥这件事，如果瘦二十斤是目标，那么健康饮食或健康锻炼就是系统。后者肯定是你更想追求的成长内核，瘦二十斤却是不容易实现且容易破碎的目标。赚到一百万元是一个目标，成为财富自由的人是系统，多在系统上强调自己的正确性，少在目标上计较得失和结果，人会更快乐一些。

如果有一件事你每天都在做，就会在无形中形成一个系统，就像写作与我的关系。我写了十几年，它已经成了我最忠诚的且陪伴我最久的朋友。写作没有终点，系统没有最后期限。在写作的过程中，出版一本书只是一个目标，完成和出版的时刻，我会很开心，当写作成为我的生活习惯后，写作就变得更为自然。

想到这些，我再来看那个男孩写给未来的信和目标，顿时明白了他妈妈的感动。系统虽然模糊，但始终有一根无形的线在牵引着他往前走，他可能会迷茫，但不会迷途。人都是朝着模糊的方向走，最后看到清晰的目标，脚印是付出，重点是经历，从另一个角度来看遗憾和失败，它们都是人生路上那些没有那么想得到的得到，没有那么恐惧失去的失去。

再看我的目标时，我有了一个新的体会。我在设定目标时，也要设定一个“反目标”，这几乎能为所有问题找到答案，因为你会找到自己的底牌。如果你的目标是拥有成功与认可，你也要付出足够多的时间，其代价则是要失去与家人间的一些感情连接。假设你的目标是找到更适合自己的一段感情，其代价可能是失去现在的家庭和事业，那么你一定要放弃这一目标，这就是反目标带给我们的边界感——反目标明确的朋友，会界定什么是真正的成功，也会认清什么是真实的需要。

我可以一直在路上

在年轻时，我喜欢被他人问“你多大了”这个问题，每次仰起头回答时，我都会觉得天空格外晴朗，内心暗喜“一切都来得及”。转眼人到中年，我深深觉得“你多大了”这个问题本身就有些冒昧。但是当你在路上旅行时，真的很少有人关注你多大了，你对自己也会有一个前所未有的暗示——我一直年轻，一直在路上，一直热烈。

我搭乘蛋糕和倦倦租的车，我们三个人从张掖出发，开往敦煌。在前往目的地的路上，身体与精神都会疲倦，但只要有目标，人的内心就会放松。每到一个地标建筑，我都会很开心，这种探索比玩游戏更令人满足。在前往沙漠的路上，我的手机信号断断续续，倦倦接到了她妈妈的电话，两个人一开始还有寒暄，后来开始针锋相对，彼此挖苦……

倦倦情绪激动，随着车猛地急刹车，倦倦从后座险些摔到前排，手机也随之摔到了前挡风玻璃上。

电话里传来“喂，你还好吗？”的关切声音，妈妈的声音从紧张到焦虑再到绝望。

倦倦拿起手机，对着手机喊道：“妈，我挺好的……我恳求你一件事，你放过我啊！我暂时不想结婚！”

妈妈那边良久沉默：“按照你的心意去活吧！”

这句话让倦倦如释重负，我们三个人走下车后，我才意识到，我们都已在由三十而立走向不惑之年的路上，除了我结婚生子，走上了所谓的正轨，倦倦和蛋糕依然单身。她们对待感情的态度都是随遇而安，虽对爱情有绝对的期待，但不会强迫自己去结识新的人，更排斥相亲等刻意安排。

倦倦是单亲家庭长大的，她妈妈对她的依赖远超过她对妈妈的。可能因为自己情感不顺，一路走来颇为辛苦，倦倦的妈妈特别期待女儿能有一个保护她的港湾。无奈，有些男孩子气的倦倦天生反骨、早熟，每次反击母亲时，她都会表达自己的疑惑：“你不让我提‘爸爸’两个字，从小到大我也根本不会跟男性相处，我没谈过恋爱，甚至没有被人认真仔细地爱过，在这样的土壤里长大的我，是想结婚就能结婚的吗？”她的妈妈每次都会沉默，而后哭泣，倦倦见状，像做错事的孩子，不知如何安慰她。开始时，倦倦还能站在妈妈身边共情她的悲伤，后面则会夺门而出，跑到上海街头最偏僻的咖啡馆坐着，看着外面的桂花树落了一地的桂花，恨自己不是一朵花——该开花的时候顺其自然地开花，该凋谢的时候只需要一阵秋风。

倦倦望着窗外一闪而过的风景，问我："你是写作者，你能不能告诉我，世界上除了植物，还有其他自然而然的人与事物吗？"

"有！比如特别好的爱，包括一见钟情的人，包括长久相伴两不厌的人。"我坚定地回答着这道超纲的人生难题，但也有些底气不足。

一个人想要遇见或拥有许多自然而然的美好事物，是多么奢侈的愿望啊。生活节奏太快，人们喜欢拔苗助长，不愿进行事缓则圆的思考，我们活在碎片化的认知里，活在碎片化的文化世界中，看似在寻找共同的记忆点、共情点，实则我们是在学习如何用最短的时间，了解自己的需求，让自己快速抵达目的地。

倦倦和蛋糕与我在之前认识的女孩大不相同，她们心里的诗与远方，一直活跃着，她们是愿意为美好去买单的勇敢的执行者。

我看着眼前这两个可爱的女孩，她们优秀且豁达，愿意牺牲和付出，却找不到合拍的另一半，未免有些遗憾。我想告诉她们，年轻时，我非常向往婚姻，期待自己爱的人如愿地爱着自己，会有人和自己一起迎接风雨。慢慢地，我渐渐领悟，生活时刻在转变，而且不是非黑即白的。有人如愿得到美满的婚姻，有人注定要在大海中漂泊，这本没有对错，人生是一场舞台剧，无法按照每个人的意愿发展。

后来，我们来到了沙漠，这是我第一次看见沙漠。我用双手触摸柔软的沙子，双脚踩在上面，想起《小王子》里飞行员和小王子的遇见，想起故事的结尾，蛇如同一道黄色的风一闪而过，小王子应声倒下，但由于沙漠过于松软，他的身体很轻盈，几乎没有倒下的声音……

我们躺在沙漠上，激动地大喊大叫。手机没了信号，倦倦无法给妈妈打通视频电话，让她一起看这美景，她略有遗憾：“下次我要开车带她来。”

爱都是藏在行动和遗憾里的，虽然双眼无法看到真正的美好与爱，但心能感受到。“如果还有机会再来，我期待还是和你们俩一起，和你们旅行很舒服。”她说。

我看向蛋糕，谁敢相信她会是几年前那个想向老板要求加薪五百元，却被老板刻薄拒绝的懦弱女孩。在没有其他退路的情况下，她毅然决然地离职了。所以，谁也无法定义你，否定你的不是陌生人，多半是身边熟悉的想要榨取你价值的获利者，他们会因想让你付出更多，而不断加码他们的需求，不要相信这些人对你的判断和规划。

蛋糕突然对着无垠的沙漠大喊：“年龄只是数字呀！我的朋友！我不在意年龄！”

倦倦喊：“妈妈，我会好好爱你的！结婚！生子！”我也内心沸腾，却什么都喊不出口。

我们闹着、笑着、跑着，恣意，洒脱。我突然想到之前的老板非常反感我称呼买书的人为“亲爱的朋友”，于是在那一刻，我大喊："我亲爱的读者朋友们，谢谢你，我将永远爱你，不止爱你。"

所有的委屈与不满都藏在呐喊的声音里，没有回音，没有回答，不需要任何人的理解或帮助，此时此刻，我们活出了自己的模样，真实、真切、真诚。人生若多一些这样的温情时刻，心便会更加柔软、安定。

谢谢你，黄沙如山，风如友人。前方的路从未如此清晰过，秋日黄沙中似乎藏尽了一个人一生的秘密。往后的路，我期待自己快乐，当然不止快乐，我期待遇见各种有趣的朋友，更期待我们不只是遇见，还会有更深刻、温情的连接。

今天不想跑，所以才去跑

一个不想上班只想"躺平"的人，最终的结果只能是"躺平"吗？我的回答是："不一定。"想"躺平"的人一定无法"躺平"，不想"躺平"的人却一直在自洽中努力。

伸手摘月，结果不一定如愿，却不至于双手被泥土染脏，向上求的人，往往格外自信，也会得到超出预期的结果。

村上春树在《当我谈跑步时，我谈些什么》中写：“今天不想跑，所以才去跑，这才是长距离跑步者的思维。”这句话被我抄在本子上，在不想书写的时候拿来看一看。这句话很励志，我喜欢这种能给我力量的文字，哪怕它只提供了瞬间的支撑。

一日，接到了翻译聂鲁达诗歌的任务，我本想拒绝，编辑老师却诱惑我：“要不要试试？这次翻译可以快速地拿到价格不菲的稿费，另外挑战自己是一件很有趣的事情。”

我是一个很容易被说服的人，于是立刻应允道：“我是可以翻译得很好的，要不我就试试吧。”

翻译的内容是聂鲁达年轻时所写的《二十首情诗和一首绝望的歌》，以及中年时期的代表作《一百首爱的十四行诗》。诗歌真伟大，聂鲁达更了不起，但我并不熟悉他，于是我买来了他的自传，以及市面上所有关于他的书来学习，就这样，我沉浸其中，断断续续地翻译了一个夏天。

翻译的整个过程让我学到了很多。翻译文学作品跟自己创作是两种不同的表达方式，翻译不仅要考验翻译的准确度，更考验译者的文学功底。具体来说，就是考验你对两种文化链接的想象力，它不仅要求文字准确，还要求韵律的表达优美。我每天带着各种书籍，勤恳地翻译诗歌的状态，感动了一个在咖啡馆打工的女孩，她每天下午都会为我端来一杯温水，与我聊聊文学。

后来，她深受我的启发，辞职创业做了自己一直想做的事情——当配饰设计师。她还自驾去了西北旅游，在遥远的沙漠深处看星星，并偶遇了一段爱情。她给我寄明信片，我被她的“出逃”式旅行深深感动了。人与人之间需要交流，需要碰撞不同的想法，需要坦诚，更需要互相启发。待她归来，我们畅快地交流后，她再次出发，在我的鼓励之下，她也开始写作，记录旅行生活。

她说，我永远记得你的那句话“因为不想出发，反而更要勇敢出发”。在行动面前，所有的妄想都被敲碎，所有的期待都有了最终的结局。

编辑在收到我翻译的聂鲁达的文稿后，说自己眼前一亮。于是，她邀请我继续翻译聂鲁达的《船长的诗》。在收到翻译稿费后，我也很激动，这次稿费的意义跟之前完全不同，它是我突破自我取得的成绩。每次突破自我，我都会默默地奖励自己，给自己买个特别好看的本子或一支期待已久的笔。翻译完聂鲁达的文稿后，我顿时觉得自己的状态好了，自信了许多，背仿佛也挺直了，一股暖流在内心深处流淌。

翻译诗歌之前，我误以为自己是无法去做翻译这件事的；没有写作之前，我以为自己是无法去做写作这件事的；未演讲之前，我总认为自己是一个羞于表达的人，我总是在突破自我后，对自己有了新的认知——原来自己还可以这样活，我应该更早地相信自己。

人无法跳出固有的认知去认识世界，去赚认知之外的钱。当下，我却想不断地把自己敲醒，要保护好自身的能量，能量是执行力，执行力比认知重要百倍。

我见过太多的人被困在高认知、低执行力的困境中。更多时候，我的想法、规划都特别好，但由于自己过于焦虑，迟迟未行动，耽误了许多事情的最佳时机。尤其是今年，我发现，从前那些没有写书的时间被浪费了，很可惜。

我们比想象中的强大，但也比想象中的更难开始，更难行动。行动意味着投入，意味着要开启身体这个庞大的系统。身体会计算性价比，会计算投入产出比，我们一边喊做事好难，一边在规划如何让这个系统更为高效，这更让开始难上加难。

现在的我正学习转换思维，正因为不想写，所以更要要求自己坐在椅子上安安静静地书写；正是因为不想出门，所以才要带上书前往书店去分享，去见读者；正是认为一件事特别难，所以要去尝试与经历，看看能做到什么程度；正是因为真爱难觅，所以要去试着互相了解……所以才有了当前幸福且恰到好处的婚姻。

我常常在冬日最寒冷的季节里，穿上黑色的大衣，遥望月亮与树木，认为自己属于它们，借此逃避现实，并认为我想得到的结果遥不可及，我只能缓慢前行，慢慢抵达。

每当这个时候，我就会用逆向思维去想、去做，不再跟随任性且随意的心。自卑且封闭的自己，并没有在重重困境面前放弃，反而靠信念的支撑，冲出了生活的重围。

我们的坐标系上只站着自己，无法与任何人比较，只能依靠无比强大且笃定的信念，走在自己的路上，无处依附，虽倍感孤独，但也风采卓然。

在写作的世界停留越久，情感的触角越丰富，我所触摸的每一个地方，每一个人，都有着不可复制且独树一帜的美。我唯一能做的就是记录下这种美，并将其小心翼翼地收藏在自己的文字中，在下一个春天，将它呈现在读者面前。

一个作家的“养成计划”

我属于养成型作者，写作已有十几年，一些读者也默默陪伴我十几年了。直到今日，依然会有读者给我留言：我自私地希望并期待，你别被那么多人认识，不然我怕你不好好写作。太红了，活动会多，应酬也多。

还有一些可爱的读者特意跑来留言问我：你还没红吧？

我哭笑不得，不知如何回答，只好坚定地说：没有，我亲爱的朋友。

我很“尊重”读者的期待，一直到现在，我的写作生涯仍不温不火，但我也感谢这样没有太多人注视的时刻，仿佛会有更多的时间来锤炼、审视、观察、成长。当然，我有时也会羡慕那些当红的作家，他们有那么多活动要参加，有那么多分享会要出席。我的生活就简单多了，只是坐在家附近的咖啡馆，或者任何城市的某家咖啡馆中，思考与写作。

从名不见经传的曾经，一直写到名不见经传的现在，一路走来，我真是三生有幸，一直有读者陪伴我、鼓励我，感受我的感受，经历我的成长，督促我在写作的路上前进，我也在这种潜移默化的期待中成了许多读者托举的作者。

现在最流行的词莫过于 IP 打造，我是作者、内容的输出者，好像不去做 IP 都有些对不住自己的身份，但我又是行动缓慢的人，商业思维能力也有局限性，所以做 IP 很吃力。打开朋友圈，见到我的作者朋友们或新媒体的创业者们在做类似的 IP 培养，我难免感到焦虑。

其实我也做文学课，但我做得很慢，一般情况下，没有特别好的体会，我不会开课。我像是一个忠诚于土地的农民，每日耕作，等待秋天果实的成熟。等待需要极大的耐心，我已经习惯。

小伙伴锡总加入了我，他一直给我拍视频，有几个精雕细琢的视频也取得了不错的成绩，但我和锡总的视频拍摄计划更像是一场漫长的散步。在拍摄的过程中，我们经常因观赏路边的花朵而忘记了拍摄。我们离得特别远，他住在浦东的东边，我住在青浦的西边，虽然都在上海，但我们每次见面，都像是要跨越一座城那么远。

我们拍得太慢了，从确定选题到最后的拍摄剪辑，步伐都太慢了。所以，我把更多的希望寄托在了直播上，直播讲书，还可以开美颜效果，让我显得好看一点，我会分享一个创作者的日常，或直接分享最近读的书。

文学直播一旦开始，就只有两种结果——一种就像我的好朋友所说的那样，找不到直播的意义，文学在直播上无法快速变现，讲起来也很累，所以很快就停止了；另一种是像我一样，慢悠悠地讲解，享受其中，反正我每天也是要读书的，这样挺好的。

我的直播间每天能来几千人，同时在线一两百个人跟我一起读书，这是很愉快的一件事。直播讲书比写作轻松，写作需要反反复复地修改，只身一人上下而求索，被一个字一句话困住，久久不能走出来。直播则是即时的感性抒发与表达，我常常在直播时把自己讲得感动到险些落泪。

就这样，我每天认认真真地做文学直播，从《小王子》到《悉达多》，再到《人间失格》，我开始被越来越多的人看到，他们有的是老师，有的是出版社编辑，有的是企业的文化建设者……在直播的过程中，我被越来越多的人鼓励和依赖，虽然过程中也有不开心——有人喜欢总结我的分享，发微信公众号，并将其标成原创内容，但这些毕竟只是少数。在这些不愉快的事情发生时，我会习惯性地把目光望向我的大多数读者，内心就会愉悦轻松许多。

自从做了全职写作者，我总给人一种不务正业的感觉，很多朋友来鼓励我，也有人担心我的生活。即使我努力地去做写作这件事，也会有人跳出来说，反正你也不上班，总有大把时间可以浪费。每次听到这样的言论，真的是“欲哭无泪”，现在我比上班时忙碌太多，并且发现自己需要学习的内容太多，需要比从前工作时付出更多。

当然，我也悲哀地发现，我其实很难把自己打造成一个成功的IP，让自己出圈。我这个慢悠悠的写作者，唯一能做的就是在直播间毫无保留、十分投入地分享经典文学……我还在做着无用的事，为一小部分人的热爱而努力地解读文学。

我的功利心没有那么强，要“红”不仅代表了一种欲望和一种决心，还代表了执行力和与背后团队的合作，绝对天时地利人和的结果。这三者，我都不占优势。在我生活的底层逻辑中，我更看重做一件事时是否享受其中，做任何事都难免随性而起，且我又感性率真，难免让一些本来想投资我，或想与我合作的人望而却步。

我经历了好几次险些被投资的经历，真的有过太多次机会可以“红”，但最终我还是一次次错过。我不是八面玲珑的人，无法事事让人满意，我沾染了太多文人的气息，在自己喜欢的路上晃晃悠悠地走着，因太过“任性”而极易掉入黑暗之中，只能靠自己缓缓走出。偶尔，我遇见平缓的斜坡，便顺势晒一下太阳，再出发。我写得很缓慢，成长得也很缓慢，无法违背自己初衷，让自己成为其他人，但缓慢生长是一种力量。写作需要投入，也需要缓慢和沉淀，慢慢来，才可以把自己观察得更清楚。

写书是我能想到的最浪漫的一种表达。我身处其中，与文字对话，与情绪对话，缓慢且浪漫，记录文学时刻，也记录自己内在的感受与变化。

写作路途是漫长的，有时一本书要写十万字，大部分时候我无法得到及时反馈，只有书出版了，这些沉甸甸的文字才能被看到……这个过程，筛选出了真正热爱写作的人，也保证了写作者的注意力，他们需要集中精力，全身心投入，才能自如地输入、输出。

写作是一件特别美好的事情，尤其在你全力以赴的时候，身心沉浸于此，人也会变得格外沉静、有力。我时常感受到自己内心的力量，安静、豁达、从容，被打开的时刻，人会有无限可能。走到最后的环节，书上市，红或不红已经不再重要了，重要的是，我写的故事能被一些人看到，只是这些人的看见和回应，就已成为我写作的全部期待和动力。

现在的我，不再祈求所有人的理解或共鸣，甚至不再渴望更多的连接和触达，因为每个人看问题的视角和立场不同。写作可以让你更忠诚于自己，让你在一个字一个字的敲击过程中，加固了理想中的精神花园，也寻找到最本真、最饱满的自我。

生命里最遗憾的一部分

初夏，我与书法家王训端先生相约，我打算先带着爸爸去张掖看他，再一起去敦煌。爸爸与王训端先生既是世交，也是一起长大的发小，后来又一起读书、当兵，情感自然深厚。我们心知肚明，没有王训端先生在，去张掖和敦煌的旅行便会黯然失色。

我这两年遇见的最浪漫的事情，就是我爸爸和他那些已经年过七十岁的老战友们，经常相约一起去各个城市旅行。但这样的旅行也很伤感，比如每次在旅行前统计人数时，便会发现又少了一两个老战友。大家对他们的离世闭口不谈，可能是真的无法直视死亡吧。虽然我读了许多有关死亡的书籍，但依然会认为“死亡”这个字眼里，有太多绝对的毁灭、绝望、结束等意味，以及令人悲伤的情绪，我无法坦然地面对它。

爸爸特意强调：“这可能是我最后一次去张掖和敦煌了，所以你一定要带上相机，多拍点照片。”

可总有许多障碍摆在眼前，就在出发前一周，我因为要交稿，熬夜写作了一周，导致状态很差，只能把夏天的旅行推迟到秋日。我们跟王训端先生沟通，他爽快地答应了。

谁能想到，不到一个月，王训端先生就去世了。他这次发病很突然，住院不到一周就猝然离世。得知这个消息，我心疼不止。我重新翻开十年前的老照片，翻到去张掖和他一起看丹霞地貌的照片。他笑着看我，那种温柔且坚定的模样，让我终生难忘。我一遍遍地翻看着照片，怀念过去的时光。此时此刻，我多么渴望会有一扇神奇的大门，能够穿越时间，回到过去，我一定会守约，这样，我还能再见他最后一面，道一声珍重。

我细致地看完媒体对王训端先生的采访，内心懊悔不已，这些年我一直在采访各种艺术家、作家等各行各业的人，为他们策划了各种类目的书籍，唯独忽略了身边至亲的人，我应该找时间去看望王训端先生，采访他，记录下他所有的故事，让他的字画一一展现在人们眼前。

这些年，我总是把触角更多地伸向陌生人和不熟悉的人，即使遍体鳞伤，即使疲惫不堪，我也没想过收回，反而忘记身边的亲人，包括自己，才是生活的主题，这令我懊恼不已。我一路奔跑，一路追赶，有时匆忙潦倒，有时光鲜亮丽，我总在追求他人的认可，总在期待外界的肯定，花费更多时间向外求，忽略了向内求的价值，一路奔走，渐渐丢掉了从前的老朋友。

忽然之间，我也人至中年，从去年开始，我就不得不在现实中被迫接受身边亲近的人一一离开。许多人都来不及见此生的最后一面。尤其是我的舅舅，因为肠癌晕倒住院的那一刻，我们才知道他已患癌多年，他没有告诉家人，默默地承受着癌症的痛苦。

我们心疼地问他，怎么不早点告诉我们呢？

他真诚地回答，他不敢说，怕家人担心。再者，他的妻子也在看病，已经花光了家里的存款。他这么大岁数，已经做好随时离开的准备了。他特意叮嘱大家不要为他过度治疗，生死有命，坦然接受就好。

舅舅是一个学校的校长，也是我的忠实读者。我的每一本书他都读过，还认真地做了读书笔记。从此以后，我又少了一个绝对忠实的读者，我心爱的舅舅，我从未想过他会以这样的方式离开我们。他离世时，我恰好在欧洲，来不及赶回去送他。我伤心到哽咽，却也无能为力。在死亡面前，人弱小到如易碎的玻璃瓶。平日里，我自己是感受不到这种弱小的。只有在生病或面临意外时，才会懂得人生无常，且行且珍惜。

那些亲人鲜活的面孔、微笑的脸庞、慈祥的眼神，是简单的，与家乡的土地完美地融合在一起。那些亲人甚至从未离开自己所在的县城，只在普通的工作岗位上，在家乡的一片土地上忙忙碌碌，鞠躬尽瘁，直到生命结束的那一刻，从未来得及为自己着想过一丝一毫。

我太熟悉那种源自土地的善良了，他们由于内敛总不能释放的热情，骨子里的纯朴与宽厚，都刻在了我的记忆中，我好担心随着时间的推移，我的记忆力将变得越来越差，这些记忆会像沙一般散乱。

我们总在问，灵魂是什么？

其实每一个亲人都是你灵魂的一部分，一个人的离世其实带走了你生命的一块印记，到最后灵魂缝缝补补，记忆破烂不堪。原来，每一次失去亲人的感受，就是深刻的孤独，是刻在骨子里的忧伤。

我现在总是习惯性地坐在街头的某个台阶上，看着来来往往的人们，怀念从前的亲人和朋友。有时，我会画下他们的模样，有时也会梦见他们，尤其是陪着我长大的姨妈，我总是梦见她孤独地坐在长椅上，在一片白色的好像冰雪王国的地方，安安静静地坐着，不肯回头看我一眼……

我也曾梦到王训端先生，梦中我想让他把生前的最后一幅画（画里有三只鹿，在山间嬉戏，很是祥和、平静）赠予我，他答应了，我却怎么也拿不到那幅画。神奇的是，在现实中，我们也找不到那幅画了。

我唯独没有梦见过我的舅舅，我最忠实的读者。我挚爱的亲人，带着某种遗憾与悔恨，我们还是错过了彼此的最后一面。

舅舅，我没有送你最后一程，这成了我终生的遗憾。每次想起你的时候，我的内心都会下一场鹅毛大雪，我们在雪中相见，却怎么也看不清彼此，在回去的旅程中，只剩下了我自己的脚印……

这一生你受苦了，请你在另一个世界轻松自由地生活，没有痛苦，没有病痛，愿你们尽情享受这一世没有品尝过的美食，没有见过的美景，不留任何遗憾。

我能做的，就是坐在这里，把你的故事写下来，把记忆中的你们画下来。

这一世，谢谢你选择让我成为你的亲人，若有来世，我们一定要再遇见，再把故事说完。

写作拥有让我们穿越黑暗的能量

人类其实很聪明，天生具备一种能力——趋利避害，但如果人们一直躲避困难，不迎难而上，就无法扩展自己的能力。比如写作多年的我，不管什么样的题材，现在都想要挑战去写，我也试着给不同领域的人策划出书。挑战，意味着要在陌生的领域里走一遭。认知也是有触角的，每次碰触到陌生的知识，我的触角总会不由自主地收起来。

昨日我在交了一本翻译的书稿后，感到内心特别空洞，总觉得有很多内容需要学习和补充，便买了许多课程来学习。之后的一周，从早到晚，我一直在听课。这是我第二次接到翻译诗歌的任务，还是聂鲁达的作品，我翻译得很慢，一遍遍修改，总是对自己不满意，觉得其实我还可以做得更好。

这是完美主义者的通病，我在交稿时内心冲突会更剧烈。每当对自己不满意的时候，我都会认为自己什么都需要补一补，仿佛精神上、物质上、身体上、灵魂上都缺乏能量，整个人也变得很脆弱——突然感觉到了危险的信号，当对自己不认同时，生活便会有许多莫名其妙的障碍。

后来，我参加了一次线下课程，大家在写期待的职业时，好多人都写了“作家”。

老师问他们，为何之前不去尝试做作家？

有人回应：“成为作家会穷困潦倒吧！虽然很浪漫，但不切实际。”

也有人回应：“作家是冷门职业，身边活得很好的写作者很少很少，我也不想冒险。”

听到这种对话，我惭愧地低下了头，甚至不敢举手承认自己就是他们口中“活得不太好的冒险的作家”。抱歉，我的职业就是写作者，目前还算自由，枷锁不重，但我身上的确有种不切实际的浪漫，且引以为傲。可能在许多人的心中，成为作家是一场漫长且遥远的旅途，整个过程，很难有正向反馈，很难被肯定与认可。

我却认为，如果坚持，写作包括出书的成功是可以被预见的。毕竟在所有的表达形式中，写书这种形式最浪漫、最持久、最深情，也最能集中一个人的所思所获。

我敬重每一个写书的写作者，没有情怀加持，他们很难日日将自己困在咖啡馆或图书馆，或更狭小的空间里，在一张桌子前写来写去，让写作成为自己生活的全部。我读过许多写作者艰难的创作故事——年轻的写作者在北京创作，他租的房子过于狭小，所以只好窝在洗手间里写作；还有一个写作者白天上班，晚上熬夜写小说，写了多年，也未出版……

每一个写作者的背后，都有一段辛苦付出的过往，在十多年的写作旅途中，我得到的赞美远远多于批评，得到的温暖多过冷漠。即便如此，偶尔的批评声也会打乱我的生活节奏。尤其当这种批评来自自我攻击时，选择接纳自己，允许一切如其所是，便成为我特别重要的功课。

我在每次采访有新书上市的作者时，都会发现大家总被一件事困扰，那就是新书的评分和评价，总有读者会对作者不满，甚至进行诋毁。在采访之前，作者朋友都会检查我的问题，要求我问的问题再温和一些，唯有采访视频创作者安先生的时候，他特意提醒我："你的问题可以再犀利一些。"

我说，如果过于犀利，就可能有争议，我担心读者会对你有误会。

安老师笑着说道："我的作品除了给他们看，也是给自己看的。我从不担心别人怎么评价我，而且我从不看任何评论。"

不管其他人如何评论自己的文字，喜欢或不喜欢，各种嘈杂的声音都会消失，因为他人的注意力不会一直停留，会被新潮的事物带走，只有写作者会如同希腊神话中的西西弗斯，每天推石头到山顶，石头又不断跌落……我沉迷在文字的世界中，日日循环，虔诚如初。我渐渐意识到，夜晚会消逝，白天会消逝，光芒也会消逝。这个世界没有永恒的存在，你喜欢的一切，讨厌的一切，爱的一切，恨的一切，那些伤害你的人，被你伤害过的人，都会改变和消失。那还剩下什么呢？应该是我们真正热爱的事情，以及真正爱我们的人。

也有人问我，写作的天赋会消逝吗？会。写作的天赋是存在的，但很多人不会珍惜，或来不及珍惜，或不知如何珍惜。写作是一种创作，创作需要激情、阅历，也需要投入和时间的积累，它无法接受任何的投机取巧。

再次遇见青州的微笑

青州博物馆是我去的博物馆里，会时时回望，时时想再去一次的地方。原来世界不止有高棉的微笑，还有青州的微笑。青州博物馆的塑像，好像与我格外有缘，我总是期待一次次见到它们，看到它们残缺的身体，想象它们完整时一定美到极致，但残缺也是一种美，缺失的部分会给人无限的想象。

魏晋南北朝时期的审美，放在今日，依然有它独特的魅力，这就是艺术存在的价值，可以穿越时间，无惧打击，即使化为灰烬，也可以美成传说。美的最高境界，我一直认为是如雕塑般永恒、沉默、神秘、迷人，弥漫着一种无法被安慰的忧伤，仿佛一直在诉说刻在遥远记忆中的故事。

在这个夏日，我再次启程前往青州。去的当天，一路上阴雨连绵，当我走到青州博物馆时，却晴空万里。带着我欣赏和学习博物馆历史知识的王老师与我一样，高中时是艺术生，学习的是绘画，大学毕业后做了美术老师，安静且自在地生活在青州博物馆旁边。

我有些羡慕他。他在高中时就开始学绘画，背着画板去全国各地的美院学习，他看见了更辽阔的世界，欣赏到了独树一帜的艺术之美，真的很难再安心回到小城里工作、生活、绘画，其中的选择与衡量，需要智慧的平衡，也需要对自我有足够多的了解。

美院的老师，小城里的父母，包括你自己仿佛都在劝告你——往前走，往更大的世界里冲啊、闯啊，却没有人敢告诉你，其实你也可以有另一种生活方式，你可以躲到巷子深处，回到阁楼之上，管他春秋与冬夏。

青州，在我看来，就是类似这样的一个“阁楼”，我去过两次，在那里待了一段时间，看到城市里的高墙大院，纯朴的人们沉默且低调，那里没有南方小城的秀美，但也少了浮夸的商业气息。在那里，我感受到的不仅仅是商业与生活，更是一种铭记在心的礼节与传统，一种未曾走远的古老气息与士大夫的气节内涵，包括那古老的独特审美，小城里的人对生活的怡然自得，处处展示着“大气”的历史之美。

青州卖小吃的阿姨，担着扁担走过的男人，煮面的年轻女孩，骑着自行车的少年，他们无不面带微笑，那是发自内心的满足感，浮现在脸上的春风荡漾。我转身看向王老师，羡慕他身上温润如玉的气质，他好像并无焦虑，心性纯净，生活于他而言，更像是一段值得处处停留、可以享受的旅程。他甚至不担忧结婚生子这件迫在眉睫的事情，也不关心外面的世界。

我很喜欢这种活在自己世界里的人，他们有自己的判断标准和评价标准，不为外界的标准所困。但这类人注定活得辛苦，期待随着世界的评价体系逐渐丰富，他们的追求和向往会被更多人接纳与理解，而现在无疑是辛苦的阶段，要关掉双耳，要沉浸在自己的生活之中，才能不被外界的标准打扰。

与王老师、青州博物馆告别之后，我又回到了自己的生活，我时常怀念这两次去青州的经历，以及北方小城朴素且踏实的文化。

再后来，我前往大阪学习，遇见一个二十四岁的、已经学习四年汉语的日本男孩，他陪着妈妈在逛西阵织会馆，看到我们一行中国人，十分兴奋，提出要帮我们拍照。在与他对话的过程中，我发现他在努力地让自己的汉语发音标准，但又做不到，那有些窘迫的样子十分可爱。那一刻，我自豪极了，原来汉语这么难学，只有从小生在中国这片土地上的孩子，才能做到发音字正腔圆。他虔诚地表达着对中国文化的喜欢，我在问他最喜欢中国的哪个城市时，他微笑着说，青州。

这短短两个字，令我记忆中的青州博物馆和那里的人，再次明亮起来。写作者不出门、不交流，就会对真实的世界产生误解，而今年的我，就在破除各种误解，走向真实的美景，与人深入交流。

一路走来，我发现，许多小城拥有各种各样的美，风景的美，人心的美，食物的美，美到无法用语言诉说，美到我只能提笔记录各种细节，以抚平内心的激动。而全职写作之前的我匆匆而行，从未察觉或发现这种种美。一个写作者拥有的最好的能力，就是发现美的敏感力。美不仅是存在，更是一种滋养。在喧闹的人生景象中，谁能让自己的心先安静下来，先人一步，把美记录下来，谁就会赢得更多的故事与关注。

那个下午，我看到了四十三次日落

世间最美好的景象，应该是下午三四点的时候。太阳微微落下，阳光不再那么强烈，学生陆续放学，光影格外美丽，重重叠叠，非常适合摄影。咖啡馆阳台的白色窗帘映照着太阳的光，影影绰绰，照耀在我的手上，在我写故事的时刻，阳光内敛得如梦幻泡影般美好……

这是一个普通的下午，我却在来到这个城市七年后，才有一个恰到好处的机会，坐在这里观察这极易流逝的午后时光。

上班十五年，我从未认真观察过下午，即使在高铁上，前往另一个城市时，阳光透过车窗照耀在我的脸上，我也是昏昏欲睡，脑海里想的都是讲课的内容。我一直想做内心惬意松弛的人，我认为只有这样的人才能欣赏到午后的阳光。

几年前，我有幸和同事一起去无锡采访黄晓丹老师，那也是一个夏日的午后，她坐在自己家的书房里，阳光洒在她白色的长裙上，她是那么的生动、自在，我们都在感慨，一个女孩居然可以如此美好。我和同事在回来的路上讨论文学、生活，由于讨论得过于激烈，我们走走停停，导致本来只需要两小时的车程，我们硬是走了近五小时。

我许久没有如此放松地与同事们激烈地讨论与交流了，我平日在工作场合很少说话，今日畅快交流一番后，才得知彼此原来有这样多的相似、相交之处。我们在努力地打开生活的同时，发现这是一个信息爆炸的社会，与其崇拜和喜欢远处的明星，期待与比自己更优秀的人连接，为他们摇旗呐喊，不如看看身边的人。

此刻，在这个夏日即将结束的时刻，热潮褪去，人们也渐渐冷静下来。在《小王子》中，小王子最终找到蛇，不一定是相信它能帮助自己回到B612行星，也可能是即使豁出性命，他也想要试一试能不能回到过去，回到小玫瑰的身边。许多人会解读，这是发自对小玫瑰的爱，他才这般无畏，我却认为，这应该是小王子对过去的怀念，人最终是要回归本源的，像陶渊明归隐田园，像张二冬借山而居，归隐终南山。

我走在街头，快要立秋，夏日的热情渐渐褪去，只有在北方生活过的人，再来到南方生活，才能感觉到季节这种层层叠叠的变化。有人邀请我去认识一个行业大咖，我本欣然答应，但突然看到日落这么美，不禁驻足停留，婉言拒绝了结识新朋友的机会。遇见、相识，需要机缘，机缘是机会与缘分的结合体。即使错过一些人与事，也不必觉得可惜。

我想，再没有比大自然更忠实于自己的事物，也再没有比窗外上海这陈旧的街道更美好的存在，它们不语，但一切明了在心。恍然之间，我已来到这般年岁，来到做加法不如做减法的阶段。我并非对这个世界不再好奇，只是不想再走马观花地认识许多人，这种结交既不深刻，也不具体。

后来的后来，我们对一个人的身份、地位、长相再无好奇或惊叹，只觉得寻常人间，最可贵的那部分永远是一个人的真诚、勇敢、坦荡。我拜访过人民文学新人奖的获奖作家徐海蛟老师，他为了写好《不朽的落魄》，读了两百多本书，坐在图书馆的角落三年，日日阅读、书写，所以他的文字，每一个字都是那么清脆、准确，好的文字读过去，会有落地的声音。写作尤为如此，所有的付出与情绪都在字里行间变得清晰可见。真诚的力量显而易见，虚伪的人无处躲藏，任凭如何包装，也无法一直吸引人关注，最终如昙花一现，迅速消亡。

真诚的友情或爱情比比皆是，但对彼此之间要求特别高，时间珍贵，筛选机制又特别复杂，遇见可珍惜的人，除了依靠运气，最根本的依然是自己内心的坚守。万事万物的因果，是内心的投射。你是什么样的人，就会与谁相逢。你有怎样的热爱，就会创造怎样的美。

我渐渐意识到，很多人并不缺乏勇往直前的能力，但大多缺乏安安静静地坐下来倾听的能力；不缺乏拥抱新事物的勇气，但缺乏把固有事情的细节做到极致的坚持；不缺乏结识新朋友的热情，但缺乏站在原地等待老朋友的耐心。生活奔腾不息，向前滚滚而流，尊重每一个选择的结果，珍惜每一次日升日落。我们身上最重要的能力是感受力，这是一种敏感且自然的能力。人要活出朝气，别人可以否定你，但无法定义你，可以靠近你，却无法拥有你。

在这个夏日结束的时刻，这几日的夕阳格外令人沉迷，也让我有了这样的思索时间，我仿佛看到了小王子所看到的四十三次日落。街头的鸟掠过树枝，飞向自由。我无法飞起，只能让心随着风翩然起舞，若有一日不幸地落到泥土之中，那我就把它当作种子，顺势埋在地下，耐心地等待它重见阳光。

秋天比夏日凉爽，也比昨日浪漫，跟我一起向前走吧。

第三部分

秋落：热爱每一种生活的真相

京都，一场秋天的漫游

去日本学习一周的计划，其实是夏天定下来的，当时有老师问我要不要参加百年企业学习的旅行计划，我不假思索地说，当然可以。应允之后，我在很长一段时间里埋头苦写，忘记了这件事，直到导游催促我们赶紧办理签证。这时，我反而纠结了起来，出发前一周还在纠结要不要去。身边的亲人和朋友比我还要支持我去远行学习，于是我便有了一段东京—京都—大阪的旅行，收获非常大，以至于旅行还没有结束，我就已经在怀念，不舍得离开。

旅途中，我们八个伙伴有说有笑，相处得十分愉快。

为了感谢大家对我照顾有加，我特意在京都找到读者朋友井老师和她的朋友秀，为我们八个人拍照留念。

在门口合影时，我有些伤感，伤感的不是即将离开一个地方，而是刚刚与同行者建立的亲密感，又被迅速地打破了。相遇就是缘分，再见不知何时。人生就是一期一会，我采访过文化学者费勇老师，他说过，聚在一起认真体会，离开以后莫要回望，好好生活就是感谢一切。

井老师，之前我辅导过她写作和讲书，她在北京创业失败后，三十四岁一个人勇闯大阪。我看到她写的内容：自己刚来的时候并不认识五十音图，最近刚从日本的语言学校毕业，找到了工作，马上入职。我真的很佩服她，生命就是这样，你只能前行不断折腾，惊喜总在后面，只留给愿意改变的人。

井老师说，来到大阪这全然陌生之地，仿佛一切都可以重新开始，都可以去尝试。这里没有人认识自己，不用担心因出丑而被人嘲笑，也不用担心有人会把目光盯向自己。你可以在这里认真感受另一种文化带给自己的冲击，学习另一个国度的生活方式。这里无人关心你的私生活，因而保持了恰到好处的孤独，自己与周围的人群之间有一种无法消除的距离感。

同行的时候，看到小小的秀背着沉重的包，为我们拍照，我几次提出帮她背，都被谢绝了。我们都是小镇女孩，负重前行，每次出门，包太轻巧就会不习惯，一定要背着沉重的包出门，才会感到这一天的意义。后来，我跟梁永安老师交流过这种负重感，他说自己也是如此，每天出门要背很重的东西，从波士顿一路背到东京，又背到巴黎、莫斯科，背习惯了。到了上海，若有人提出帮他背包，都会被他婉言相拒。他已经习惯了这种负重感。人生有两个包袱，一个是身上沉甸甸的背包，另一个是内心感受到的重量。包袱被人拿走时，自然不习惯，只有自己负重前行，才能察觉到活着的意义。

在大阪城公园的拍照结束后，我和秀在咖啡馆里攀谈了许久。我很喜欢她，我们仿佛之前在哪里见过，我们轻松地聊着生活、美、设计、偶然的生活细节。秀原本在广州做了九年护士，喜欢插花，喜欢艺术。她离开广州前往京都，一边学日语考当地的学校，一边为人拍照谋生。初秋的下午，我们拍照、攀谈，发觉彼此有许多相同的地方，但分别后，我们又回归各自的生活，再无联络了……

我还记得，她仰着脸，眼眶湿润地说：“我年轻的时候羡慕江浙沪独生女（当时恰好是一个热点），但现在我更希望依靠自己的力量，成为自己。在这个陌生的国度与城市，我发现人可以选择的生活方式非常多样。”

京都弥漫着一种疏离感，与上海很像，哪怕很可能成为朋友的人，短时间内也无法热情地融入彼此的生命，反而会如烟火般散开和散尽。天生热情的小镇女孩，一开始真的不习惯上海，不习惯京都，但漂泊久了，就会熟悉并掌握好疏离与热情的分寸，且习惯了人与人的边界感。

我们晚上一起很开心地吃了日式特色面条，我很久没有这么开心且放松了。在陌生的国度遇到第一次见面却能彼此放下防备的人，就是可以让人暂忘现实，仅存愉悦。吃面时，我被身穿白色衣服的男孩的行为吸引，他吃完食物对着空盘子鞠躬并表示感谢。这个行为，让我体会到这不仅仅是生活的仪式感，更是要做到的细节，我要把类似温情、有礼的秩序感，融入自己的生活中，让自己活在细节中，细节让人印象深刻。

中国人不善表达，很内敛、实诚，我们的观念是要做

“老实人”，不像日本人特别擅长包装自己，把所做的事情以美的视角讲述出来，这是我要学习的地方。人生很像一面镜子，我们终其一生都在努力地做一件事，那就是从镜子中辨识出来自己是谁。

秋天的第一场秋游与学习，就此结束了。回来的路上，我看到虹桥附近的一处高架桥上，有三只鸟无比骄傲地站在台子上，四处张望，打量着来来回回的车与人群。如果高架桥上仅仅有一只鸟，我不会那么惊讶，但这是三只鸟。是怎样的缘分让它们聚在了一起；又是怎样的孤独，让它们站在繁华且与自己格格不入的水泥地上？

由于车开得很快，车外的景色一闪而过，我没有看清楚是什么鸟，但这次出行偶遇了鸟，让我无比开心，这是生活送我的礼物吧，让我理解什么是短暂的自由。我一直在想，它们是大雁南飞时落队的雁，还是谁家养的鸽子不小心误入高架桥，闯入繁华之地？又或者是，它们不甘心平凡的生活，聚集了三个同类，想要探索另一种生活的可能性，相约去远方看一看……但不管是哪一种，这三只鸟都让我的初秋时光显得浪漫且温柔。

万物终有时，不要为失去的东西、告别的人而伤感，要更珍惜时间和精力，以更好的姿态与它们重逢。真正属于我们的东西是他人夺不走的，要及时地辨识真正属于我们的东西是什么，并保护好它们。

人最不该辜负的是自己

有编辑老师从北京赶来，要跟我合作一个读书的音频项目。她问我离职创业后，最大的感受是什么，收获是什么，与以往最大的不同是什么……她问了我许多问题，都特别有意思，也很有代表性。

我思考良久。离开职场快一年，确定自己已回不到过去的工作和生活方式，我反而认为自己早该离开，出来闯一闯。人无法过上认知以外的生活，我庆幸自己用了较短的时间，确定了自己想做的事情——日日写作、采访、旅行，帮人策划书与课程。我想，我应该是在恰好的时间，勇敢地做了自己。

离职后，我并未躺平，反而成了一个日夜工作的人，习惯在咖啡馆奋笔疾书。有朋友邀我聚餐，也被我一一婉拒。他们问我在忙什么，我认真地回答，写作。

一旦回答在写作，基本就等同于回答“我很闲，随时可约”，因为人们很难把写作跟创业或工作联系在一起。朋友们不解，来我新家看看、坐坐的约定，却被我一推再推。而我抱着笔记本电脑，像个耐心十足的陀螺，诚意满满地转着，不知疲倦。

我成了一名专心致志的自由职业者，不管靠不靠谱，日日都要输出，日日都要锤炼，日日都要积累。没有写作过的人，不会理解全职写作的人，但写作过的人很可能也不会理解，就像此时此刻，我一个朋友对我说，还是你的写作更有意义，不像我们只是为了赚一些钱，做了许多不喜欢的事情，羡慕你的自由和选择。

我从书堆里抬起头，却没有安慰她的力气。任由其他人怎么想吧，我走在探索自己的路途中，俨然把自己想象成了一个责任重大的冒险者，一个要对自己和家人的人生负责的冒险者，不能只想自己跑得爽快，也要带给身边人希望。

回望日程表，我的时间被安排得恰到好处——周二，我要先去武汉见两位可爱的朋友；周三去郑州见冰玉老师；周五前往宁波，去见亲爱的菜刀老师，他要在宁波成立一个写作俱乐部。每次我说要去见客户，朋友们都会吃惊地问，你还有客户？其实也不算客户，是多年来积累的微信好友。在网上交流很多，且意气相投，现在终于有时间来与他们一一相见。

从此以后，我把时间分为两类：一类是写作，低头走路的默然时光；另一类是抬头思考，举头望明月的时光。我日日沉浸于自己想做的事情之中，即使抬头看路，也是看云，很少看向人群。

偶尔想休息的时候，我会乘坐地铁到之前工作的地方（比如陆家嘴或七宝）走上几圈，把之前喜欢吃的美食、习惯坐的地方，都逐个体验一遍，然后回家，回到现实中。自由职业其实也是一个“围城”，创业的人会羡慕还在工作的人，偶尔不想干活了，还可以偷偷懒；而当你成为一个自由职业者后，时间成了最宝贵的东西，它完整地属于了我们自己，我们坐在阳光下，闭上眼，感受着新鲜的空气。

我看世界的视角与之前完全不一样了。如果之前的自己是一个杯子，那么，我早已把这个杯子丢到了大海之中，陷入迷茫后，杯子又从大海深处浮了上来，如同船只孤独地漂泊在海洋之中。我与露水交谈，与黑夜成为朋友，每日沉浸在想象中，重拾了与花朵、树木并排而立的能力。没有经历过这一过程的人，难以想象，当一个人脱离了公司、脱离了庞大的集体后，她会经历短暂的失重、怀疑自我、否定创造力，而后重新肯定自己的过程，这个过程有多么坎坷，多么艰辛，又有多么令人满足和快乐。

如果你也经历过这个过程，又恰好是在秋天看到我写下的这段话，你一定能懂我。

在漫长的人生里，我们在寻找的其实是一个发光点，让你感到被人需要、被人认可、被人肯定。它可能微不足道，但会在你最无助的时候，犹如一匹骏马，让你一跃而上，飞驰出黑夜；让你短暂地脱离现实的痛苦，用温柔与诗意，抚慰你和世界在种种险恶交手搏斗后留下的伤口与疤痕。

世事复杂，你没有成为其他人，也无法成为其他人，这多么可贵。你在成为自己的路上，一次次跌倒、爬起，一次次淋雨、受伤，但你没有麻木，没有人云亦云，你还在坚持，坚守一种信念，坚守一种谁见了都想拥抱你的美好，一种爱过的人都会渴求的期望。

以上也是我想对自己说的话。真好，走到秋天了，感悟渐渐有了自己的风霜，体验冰寒后的温度，有了生命的厚度与宽容。多么庆幸，你终日奔波，有劳苦却无高功，但你没有成为冷漠且麻木的人，你还在追逐美好的事物，还在用自己特别温暖的方式，爱着世界。

心静下来的力量

让心安静下来，是我今年以及往后的时间中最重要的功课。心静下来，人会变得很柔软，能看到更多的事物，感受更多流动的情绪。心浮躁的时候，只需要一块石头，世界就会如湖面般晃晃荡荡，涟漪层层叠叠外溢，不安摇摆。

每天早晨我都在七点准时来到距离家最近的咖啡馆，开始一天的写作。好友蛋糕从西藏回到上海，来咖啡馆找我，她从西藏带回的新鲜且生猛的原野气息，藏在她拍摄的一张张风景照里。她戴的手链和项链，都有时间沉淀的故事感……在与她交流的过程中，我愈发羡慕与钦佩她和她遇见的那些人，以及那些柔软的故事。

蛋糕在西藏偶遇了一个饱经沧桑的男人，他订婚后未婚妻因车祸离世。他从此孤身一人在西藏生活，戴着未婚妻送的手表，一晃十二年过去了，他还在以自己的方式纪念着她，他的手腕因手表留下了印记。蛋糕还遇到了一个驻场歌手，他每天都在积极演出，特别努力，无奈在生活的重压之下，总也无法按照自己的方式生活，蛋糕离开时，看到驻场歌手对着她摆手，弹起吉他唱起歌，向她告别……她说，一生难得遇见几次如此温情的时刻。

我喜欢这样生动的故事，虽有些遥远，但拥有土地的热情，弥漫着人情的气息。在如今快节奏的生活里，我们日渐失去对人好的能力，失去感知他人和自己生命连接的能力。我们误以为生活就是一座荒岛，而真相却是，生活是一片片连绵起伏的山，每个人都独占了一小块领地，喜欢画地为牢，失去了本来的连接。

在那片遥远的土地上，还有一些人在按照自己的方式生活，祥和且浪漫。他们神态舒缓，缓慢地以不易察觉的方式前进。

我从这周开始带着几个朋友一起写作，生活不知不觉间也有了几分热闹。我每天跟不同的朋友打电话，倾听他们的故事，了解他们的生活，分享彼此对写作的感觉，看到暖阳洒在彼此的世界中，这种感觉真好。有人同我一样，爱着文学和写作，同我一样敏感和彷徨，且有着坚定的信念。

我们有着不同的生活，但在文学的世界里，却有着相同的触觉和感受，这种感觉令人意外又惊喜。我突然意识到，一个人生命的能量在于你所连接的人的能量和故事，而我能做的就是出发，去遇见，去发现，并留驻、记录。之后的一段时光，我前往宁波、武汉、郑州游玩，然后是泉州、中山、舟山、哈尔滨，等等，我要把之前演讲时走过的路再走一遍，过一段四处漂泊的生活。我一边走一边写，走过熟悉的路，也会去陌生的地方走一走，见一见遥远的朋友，这个过程加深了彼此的联系，我也因此收获了许多故事、许多心情。我把它们都写在了这本书里，因收集了许多意想不到的陌生人的故事，这本书我写得特别投入，内容格外可爱。

生命不是刻板且一成不变的，世界的多彩是在我慢下来之后才遇见的。之前我总是与人生最精彩的那一部分擦肩而过，我总在匆匆赶路，人在最匆忙的时候看不清自己的内心，在浮躁不安时，要不停地从外界寻找刺激，感应本我的存在。

最近读书，我读到一个人写自己每天工作十六小时，我本以为他会总结自己的功成名就和努力的结果，他却转笔写道："不仅赔了很多钱，还住了院。"从此他的生命进入了一个重要课题——做减法，只做重要的事情和想做的事情。而往后的路，我要做的也是聚焦，再聚焦，把单行线走好，不再贪恋双行线，不再羡慕斜杠青年。当一个人不再贪心，生活放松下来时，就有了新的空间去思考、去总结，也有了崭新的姿态，于是才具备寻找另一种生活的可能性。

朋友写完了2024年的规划，特意给我看。我看到他写的规规整整的三十条要达成的心愿，问他：“去年的心愿实现了吗？”他惭愧地低下了头，又抬头问我：“明年你的主要目标是什么？”

我回答：“难道不应该是新年即将到来时再做规划吗？”“不是的，”朋友说，“要提早规划，秋天正好，在收获果实的季节做计划，这样足够冷静。”

计划之中，我有非常多的期待，期待新书上市，期待远行，期待与亲人团聚，期待考过雅思……在众多期待中，最重要的是让自己的心安静下来，拿出时间，用于归纳、反思、感恩，日日锤炼。此外，我想要连接到真正喜欢阅读和写作的人，一起将写作进行到底。若再贪心一些，理想中的生活，应该是去远方拥抱大海，走过沙滩的白沙，走过那些山脉、树林，穿越田野、草原，看到那些亲切的人弯着腰在田间耕作，我注视着他们，在黄昏和夜晚的缝隙里，可以幸运地把遇见的一幕幕画下来……整个过程，心很安静，岁月静好，这就是最好的生活。

去过一种充满想象力的生活

秋天叶落时，我出差到南京，特意找了时间去欣赏梧桐大道，风光很美，人也格外多。然后，在朋友的呼唤之下，我从南京来到杭州的苏堤看落日，在去曲院风荷的路上，偶遇了非常治愈的梧桐大道。

我一路听完了已为人妻的朋友黎与另一个未婚的朋友从从的对话。

黎分享了自己结婚生子后的困惑与无奈，且认真地听从从的建议，这一点令我惊讶。真的是当局者迷，从从未婚，没有经历过婚姻生活，看到的都是局部，理论根据也源自自我感受或读书时的哲学段落。

黎把目光投向我，期待我也给出同样热烈的回应，给她这个当局者一些建议。我成为写作者后，带着一些朋友写作，除了给大家写作上的建议，我从不给予他人生活上的建议，尤其是感情方面的建议。

真正理解你的人，永远不会贸然地批评你，不会给你直接的建议。你要带着问题去问拓展你认知的人，小的问题不值得纠结。建议是浅层次的正确，理解是深层次的接纳。

婚姻是矛盾的共同体，它不是无菌培养基，而是两个或两个以上生命体生活轨迹的叠加。有些矛盾突如其来，有些举动常人无法理解，很多问题并没有单一的判断标准，我们活在复杂的生活里。情绪如风中柳絮，多变且无根，凌乱飞翔。婚姻里的两个人仍是孤独者，要及时感受自己的变化，以及彼此的变化。

在做活动的过程中，我曾看到一个金融从业者在经历裁员风波后，转身成为心理咨询专家，通过售卖各种治愈悲伤、焦虑的课程，快速实现财务自由。我特意逐一看大家问他的问题，才发现许多人期待的不过是一个建议，去解决自己当下的困境。很少有人愿意了解更深层的内容和生命更深层的延展。我再仔细听了听他的答案，有许多建议甚至无须对当事人负责，理解不是一味地纵容，更不是无底线地支持。

我们无法复制另一个人的生活，全然成为另一个人，所以，我们对他人的判断和感受是不准确的、不全面的。我们需要不断强大自己的内心，允许自己自然而然地遇见问题，集中精力去解决。在这个过程中，我们会更强大、更通透，会认识到结果是因果规律的一种果实。

有一个高中生给我留言，说自己现在每天都很恐惧，恐惧的源头居然是死亡。他无法想象自己快要二十岁了，在他看来，二十岁已是很老的年纪，在一步步距离死亡更近的时候，人会很绝望。

我们总在为未发生的事情担忧，担忧衰老，认为老去意味着机会的丧失。人到了一定年纪，拥有的智慧与阅历同样迷人，写作需要沉淀，年长的人在写作时，文字会如流水缓缓流出，铺在白色的纸上，这就是阅历与智慧结成的果实。

当我认为男孩不可理喻时，突然想到自己刚刚大学毕业时，在北京面试，也曾因说“三十岁已衰老”这类令人错愕的言辞，被当时的面试官冷嘲热讽。年轻的我当时居然不肯低头承认自己的认知浅薄，反而是到了现在，在即将不惑之年时，我读完了杜拉斯的所有书，读完了《暮色将至》，读完了伍尔夫的书，读完了所有我喜欢的作者的书，也在现实中走过了许多弯路，在跌倒多次后，才懂得衰老并不可怕。我们不必惧怕衰老，年龄不是衡量一切的标准。

世俗意义上的约定或标准，都不应该成为限制人灵魂生长的束缚。活在这个世界上，需要想象力，不需要太多建议；需要埋头苦干，不需要左右摇摆；需要坚定、认可，不需要抱怨、失望。

读书时，我已把“先天下之忧而忧，后天下之乐而乐”这句话烂熟于心，建议就是一种提前的预设。“提前规划，提前做好”中的提前动作似乎已深入人们的骨髓，成为大多数人的生活哲学，很难弃之不顾。

要知道，我们做判断不仅会出现错误，还会摇摆不定，那些我们曾经锲而不舍地追求的欲望，很快就会令我们生厌。人会习惯性地依赖别人的判断和建议，在做选择的时候，喜欢看别人的脚印，不去观察道路。任何脚印都无法带你观察世界，反而是蔓延的、未知的路，最终会成为真理和体验的探索之道。

如果能保持内心的平静，人会相对轻松和松弛，会简单地生活。在向内求的过程中，明白答案是行动的果实，建议是虚妄结成的冰晶，遇见光就会融化。

活着的最大乐趣，在于可以大胆地冒险、想象、探索，从内心起，在新处落脚。有时我也会怀念从前犹豫不决的自己，徘徊不前的彷徨，让我感觉仿佛那个时候的自己才是最真实的，拥有了最珍贵的经历，也让普通的自己，活成了了不起的自己。亲爱的你，别留遗憾，尽情活。

秋天的最后一场主持

两年前，上海书城闭馆时，我伤感地拉着同事们来买书的场景还历历在目，本以为它的繁华自此一去不复返，文化凭空又少了一块展示之地，但它在两年后的这个秋天，在几场风雨过后，再次开业，重新出发。

开业当天，人潮熙攘，像过节般热闹。一个台阶一个台阶走上来，书城每一层的设计都很精致，我来这里是为了主持好朋友暖的新书发布会。城市里每多开一个书店，就多了一份文化的希望。我几乎把上海的书店都走了一遍，查阅资料，准备写一写上海书店的故事。我沉迷于书店的故事，尤其是老书店的故事。十年以上的书店，不仅有文化的沉淀，还有智慧和能力的支撑，它们是城市的文脉，也是一座座精神的花园。只可惜，类似的空间越来越少。

今年的时间相对自由，我主持了许多活动。暖的新书上市后，举行了多次线下活动，我们相约了几次，但每次都因我在外出差而错过，在今天终于得以畅聊。曾有作者朋友真诚地建议我要珍惜时间，不要做线下分享会，做好线上的分享即可，我却对此有不同的看法，认为人与人见一面的缘分深度，比只是读了我的书，彼此在互联网世界的交流更深刻。

我和暖已是七年的老朋友了。认识她，缘于一次面试，面试结束后，我们加了微信，聊了很久。虽然没有缘分成为同事，却成了很好的朋友。在坚持做自己的路上，暖一直在探索，她的职场角色从编辑，到成为作者，又到成为一个写作空间的主理人。她调皮地说："我先好好搞一下事业，搞好了，再好好找个男朋友恋爱结婚。"

朋友们优秀、从容、敢闯敢做，不含糊不纠结，我可能早已无法追上他们的步伐，只能站在他们身后，慢慢行走。我并不慌张，在这个秋日里，我好像已经找到真正的使命，恐惧感无影无踪，我想把写作这件事做到极致，把陪伴他人写作这件事做到彼此都满意。如此已足够。

这场新书发布会在大厅外举行，人来人往，我看到很多人，有年长的、年轻的、年幼的，大家为了一本书、一个作者聚在一起，倾听作者的写作故事与人生经历，这本身就是一件浪漫的事情。

暖说，我是一个为了喜好而活的人，无论做编辑、作者，还是去创作一个写作空间的内容，我都愿意活在一种可能性里。我听得热血沸腾，这些年，我听到的故事都是朋友们的种种励志故事，突然有人没那么功利，没那么计较地去生活、去工作，反而成了一股清流，令人敬佩。我喜欢在身边的人或朋友身上感受轻松感，我们做一些无用的事，寻找一些无用之美，在相遇的时刻，放下重负，活在轻松的状态中，哪怕只有几分钟。

我越来越喜欢“随性而为”这四个字，因为大多数人都无法做到。在这个快节奏时代，随性似乎成为一种不被理解的任性。任性的人注定不幸福，他们说。

人到中年，我环顾身边的朋友，赫然发现，反而是任性的人获得了更多的偏爱、更多的关注。任性意味着对自己和生活有要求，愿意折腾，愿意付出。

我与两个年长的漂亮姐姐相约吃午饭，她们为我讲述了自己对写作的热爱和年轻时写过的文章和故事——她们采访过优雅的俄罗斯女人，这个女人现在生活在哈尔滨，按部就班地走过了余生。她们讲述了哈尔滨的建筑与风俗，街头漂亮的女孩随着音乐跳起舞来，一片明媚，女孩们戴着色彩斑斓的丝巾，每个人都有故事，也都有无奈与精彩……那些电影质感的镜头一帧帧丝滑掠过，又一幕幕停顿，普通人走过不普通的一生，更为传奇，也更为落寞。

离别的路上，我们走到一棵树下，她们突然意味深长地说，活到我们这个年岁，过得最好的人，其实是年轻时任性但善良的人。他们只做喜欢的事情，不委屈自己，愿意尝试，从兴趣出发，用热爱结果；不像我们处处退让、隐忍、付出，被教育得懂事隐忍，让许多人满意，唯独忘记了自己。

送走她们后，我看到明媚秋日的午后，一个美丽的女子穿着米色风衣、白色的裙装，走在上海街头。风衣被风吹散开，又被松弛且随意地系好。四季转换的时候，尤其是在短暂的秋天，人最敏感，也最容易下定决心，所以做出改变的人格外多。

我站在南京西路，目光所及之处皆为美丽的女孩，在阳光下，在爱人的眼神中，在生活的怀抱中，格外让人偏爱、怜爱。我越来越喜欢上海这座城市，它分外包容、友善，它用恰到好处的距离感，拥抱了所有来到这里的人。这里没有鲜明的区别，只要你踏实能干、有韧性、有耐心，就可以活出精彩，就会有一席之地。

许多人的故事，都凝聚在上海这座城市的上空，成为一滴雨，滴入我的心中，我的手里。

你也是那个未曾被偏爱的人吗

秋风习习，我去杭州出差，约了大学同学好好帮我拍照，我的很多美照都是她拍的，从大学毕业到现在十五年了，我的照片都可以办一个展览了，名字就叫“一个普通女孩的十五年”。每次拍照，好好都能看到我的变化，会提醒我要注意什么，所以我很期待见到她。每次新书上市，我都会用她帮我拍的照片做宣传。

看到编辑写的宣传文说我是“美女作家”，我有些羞愧，跟编辑申请撤销这个词，改成“暖心作者”。

杭州的夜晚，繁星点点，我与一个做心灵疗愈的老师探讨一个课题——如何全方位地肯定自己。她分享说，肯定自己是分步骤的，第一步就是肯定自己的长相。我一直对自己的相貌有些自卑，据说我出生时特别黑，还一直哭。父亲在医院见到我的第一眼，就对抱着我的姨妈说：“这孩子肯定抱错了，不是我的女儿。”他跑到医院去确认到底有没有抱错，惹得医生和姨妈对着我的父亲大吵。后面确认没有抱错后，他愧疚且迷惑：“可你为什么这么黑，这么丑。”

这是父亲见到我的第一印象，抱歉，我没有成为他的“一见钟情”。正是第一次见面他对我有误会，所以后面用拼命对我好，来弥补自己的过错。

读书的时候，我因为标志性的大嘴、黑皮肤，长得像个男孩的模样，总是被攻击而感到自卑；再加上发小又是人见人夸的小美女，我的自卑更深了。后来，虽然我考上了很不错的大学，也如愿找到了很好的工作，但总有淡淡的忧郁或类似自卑的情绪潜藏在我的内心深处，时不时地喊自己一声“小黑黑”或“大嘴巴”。所以，我把“友善”打造成量身定制的铠甲，不仅穿在身上，也藏住了内心的自卑。

我一直觉得自己活在朦胧的状态中，是写作和阅读、学习与不断探索拯救了我，让我不断思考，在崭新的日常中重塑了自己的灵魂，逐渐找到了自信。从自卑到自信的过程其实是漫长的，这种转变可能发生在新书上市的那一瞬间，也可能在无数次线下活动中的不同掌声之间悄然发生。不管怎样，我已不再在乎别人怎么看我了，当一个人更在意自己时，会活得更轻松。

现在，外貌对我的影响或给我造成的困惑，几乎不复存在，我更在意自己或其他作者的内在，以及我们交流起来是否顺畅。我们读过的书、走过的路，是对自己最好的妆点。在这个秋日，我重新读《麦田的守望者》，收获良多。许多书可以一读再读，读第一遍时觉得普通的内容，需要时过境迁后，在自己也生长出同样的成熟心境时，才能读出不同的味道。

《麦田的守望者》是塞林格的第一本书，也是他唯一的长篇小说，刚出版就很畅销，小说中有大量俚语的使用，那个始终不被认可的主角霍尔顿，是大人口中不值得交往的人。批评家认为这本书过于低俗，许多图书馆和学校将此书列为禁书。几十年后，它又幸运地成为许多图书馆和学校的推荐书目。

大人评判孩子的标准是成绩，他们的心头被蒙上了一层雾，懒得去探究一个人的品行。孩子们判断一个人的标准是能不能一起愉快地玩耍。而霍尔顿被人忽视，却也因此获得了某种自由，因为他不是完美的人，不必保持完美的模样，他讨厌成年人世界的偏见，又好奇地打量着成年人世界的一切。他是不会成功的英雄，是另一个年轻且内心纯净的堂吉诃德。

在这个冒险的故事中，霍尔顿一直被人否定，从长相到成绩，都是不折不扣的所谓“坏学生”。他不停地奔走，遇见了很多人，比如斯潘塞老师；也走了许多地方，比如纽约的火车站、百老汇、博物馆……他对成年人世界的期待与好奇，一点点破碎。

我仿佛也回到了那个令自己迷茫、彷徨的青春期，我长大了，成熟了，不再那么坚硬，也不再那么易碎，我渴望成为一个优秀且情绪稳定的人，但是我一次次闯入，又一次次失败。所有年轻人的成长悲剧，都类似福克纳对《麦田的守望者》的一句评论：“当一个年轻人企图进入人类时，人类根本就不在那里。”

从今日起，我要做一个幸福的人，不再怀疑自己，把更多的爱与关注投射到内心，让更多的目光温柔地触摸美与一切。我不再觉得一切理所当然，不再认为被人偏爱才能拥有足够的爱。在不伤害别人的前提下，无论怎样生活，只要是生动的人生，就值得。幸好，我从未变成自己讨厌的人。

一个把月光藏在心中的人

我曾经不止一次地想过这个场景：那些伤害过我的人，在日后被他人伤害时，突然意识到自己做错了，跑来给我道歉。这个周一的上午，这个场景居然变为现实了。

真的是皆大欢喜的一天，我不仅梦见了前老板跟我道歉，现实中他也联系了我，跟我坦白“当时停掉项目，没有坚持，是错误的决定”。更意想不到的是，之前一个不停诋毁我的朋友，也来真诚地与我道歉，表示那段时间的确是他不好，压力太大，激发了他心中的恶，不该对朋友们发火。

收到这些道歉时，我望向窗外，高铁从上海开往北京，湖泊、建筑、风车、城市与人群，一闪而过。从南方到北方，一路的树木，绿绿黄黄地转变，像走过了两三个不同的季节。不为欣喜而停留，不为道歉而意外，不为快乐而牵绊，不为痛苦而悲伤，人生就像这趟列车，纵使遇见千万种风景，都无法抵过内心对平静的追求。

我没有回他们的信息。之前我曾无数次假设过这样的场景——若有一日，那些否定过、打击过、伤害过自己的人重新来到我的面前，满怀歉意或想重新与我连接，自己是否依然能回到初心，不计前嫌。当这种考验转眼而至时，我竟然不假思索地选择了忽视。我是全新的自己，情绪是新的，能量也是；心情是新的，状态也是；不要旧事重提，不要再计较从前的得失。现在我才明白，很多时候不是我们原谅了那些伤害过我们、把我们的自尊敲碎的人，而是不同的时间和空间，让自己进化为崭新的人，不愿再计较过去的种种，也不愿再与从前纠缠自己的能量连接。

我对自己总是比对其他人要苛刻得多、严格得多，从此时此刻开始，我突然不想再对自己这么残忍了。我想把不喜欢的人与物及时清理，也不想再重建连接或合作。我很难活得潇洒，所以只能认真地、一心一意地对自己好一点，不必觉得为难或被冒犯。人要学着勇敢地辨识自己是谁，把喜欢的事物留在身边，祛除杂念，树立好自己的边界。

独自生活很久的人，会产生一种错觉，以为自己是很好相处的人。只有把其他人放在自己真实的生活中，一起做事、一起磨炼，他才能意识到自己的狭隘。人更愿意听到赞美，相信对自己有利的言论，不喜欢被否定，这是人性的弱点。

每个成熟的人都是特别的，拥有成熟的人格。它不是由资历、地位、财富来决定的，而是身上的某种特殊性，这种特殊性来自你有没有做自己、有没有尊重自己。

倔强如我，十五年前，曾因考研失败，跑到北京的远郊投靠亲人，想寻觅一些力量与支持，未想到被打击。他们认为学历无用，我的艺术学科无用，我所追求的一切都是遥不可及的星星……那个冬天的夜晚，我接到父亲的电话，他鼓励我，要勇敢，要坚持，认识到自己要做什么，比听到别人说什么重要百倍。

我假装无事地离开了亲戚家，一路流泪，回到学校继续学习。多年来，不管发生任何事，我都习惯假装幸福，假装自己拥有解决一切事情的能力，就这样强忍着、假装着，仿佛获得了能够赢得一切的能力与能量。面对伤害、质疑，面对不屑、冷淡，我亲爱的朋友，你也要做出同样的动作，潇洒离开、置之不理，不要让自己落入尘埃或陷在淤泥中，因为你注定是摘星的人。

秋风瑟瑟，北京的银杏叶在阳光下闪烁金色光芒，上海外滩的女孩身着漂亮的秋装。夜色朦胧，人头攒动，英俊且年轻的男人在地铁口拉小提琴，演奏的是肖邦的《夜曲》，与眼前的风景浑然一体。我很羡慕这样的人，周围的喧嚣于他而言，不过是流动的音符，也是他音乐的一部分。当他沉浸在自己的音乐中时，所有的人和物都失去了颜色，甚至无须存在。他提醒我，要沉浸在自己的文学世界中。容易破碎的都是不堪重负的，而经得起考验的文字，无不是远离人群后，字字真心的打磨与沉淀。

过往皆为序章，原谅过去，接纳未来，把不同的时间想象成不同的时空，用不同的角度观察自己与人群、与周围人的关系，所有的人与物，一目了然。亲爱的朋友，包括我自己，要活得自洽自在，活得怡然自得，把月光藏在心中的人，从不惧怕黑暗，也从不担忧落单。

我的黑夜比白天漫长

因为要采访张悦然，所以我重新读了她的《我循着火光而来》。书中有九个故事，写的是人步入中年后的失败与疲倦。中年人的生活，像是一条河流，终于走过了荒漠，跨越了山谷，来到了开阔平原，本以为可以休息一会儿，却发现身下堆满了柔软的泥沙，随时随地等你沦陷。

九个故事主题相似——想要成为另一个自我。这个主题看似简单，但在实现它的路上，会发生许多故事或意外，多半是因为人对自我的了解不够清晰，即使最初清晰，中途却也易变。中年人会看到更多无能为力的事情，看着眼前的空洞，只能任由其扩大，无法弥补。

每个人都有自己寻找自我的方式，作为一个写作者，我的方式就是写写写。

自从开始写作，属于自己的黑夜一直都比白天漫长，我白天工作、出差或远行，时而聒噪，时而沉默，大部分时间心都不安定。从表面上看，我是外向的人，只是当聚会散场，独自一人时，我便会开始进行深刻的检讨，生怕有些话没有表达清楚，伤到了聚会的朋友，也会担心自己没有照顾到所有人的情绪，有人失落。

来到夜晚，世界睡着了，万物静下来，我的心也顺势无比安静。我会贪恋周围的安静与自己的心静，所以我沉迷于看书或写作的时间越来越长，迟迟睡去，有时会熬夜到凌晨。

随着年龄的增长，我的睡眠时间也在变短，与其他人不同，我并不惧怕失眠。醒着的时间，我会从容地做一些事，无事可做时便会想许多事情，然后看书，听舒缓的钢琴曲，继续看书，直到睡去。

失眠的时候，我会沉浸在短视频中，看真人模仿机器人舞蹈，有种失控错乱的感觉。后来我将短视频分享给梁永安老师，他看后陷入沉思，之前都是让机器人模仿人类，现在让人类模仿机器人，时代进步的方式可能是彼此学习和融合。

对科技发展，我一直持有乐观的态度。我采访过一位研究心理学的老师，他提出一个假想——期待未来能有许多机器人，因为现在已经到了一个长寿的时代，人的寿命在延长，生活质量有待提升，需要更多的机器人来照顾老人。我问，那么，当机器人获得了某种意识呢？这位老师沉默良久，我也陷入了温热的伤感中。

每次采访，我都会投入其中；结束后我会瞬间转变，重新投入生活。摄像老师还在讨论被采访者的表现，而我已经在想吃什么，或下一个采访对象了。所以，团队的伙伴都笑称我，仿佛一下就能醒来。我喜欢这几个字，及时醒来，活在当下，要学会及时抽离，迅速回归并投入真实的生活中。

这个秋天真的是步伐错乱，即使复制三个我，也无法做完所有的事情；即使做完，自己也不一定会满意，这真的是完美主义者的弊端。

完美主义者有绝对好的一面，比如你做事他人特别放心，你会自己把自己“卷”到毫无进步空间可言，而后怀疑，重新投入，直到接近完美。但也有不好的一面，虽然明白许多事物无法完美，但依然会为瑕疵耿耿于怀，不能原谅自己的过错。

认定一件事之前，我很难下定决心；一旦下定决心，我又在细节处很难妥协。自己总活在一种矛盾之中，看见身边的作者朋友都在做各种课程，我有时会着急，但也会很坦然，知道自己的确很难商业化地去变现。我很难精准计算得与失，全凭热情去做所有的事情，而这恰是我活着的基点。我不必像其他人，不必羡慕他们，成为我自己，才是我这一生的功课。让心静下来，觉知、觉醒，写更多的文字，走更远的路，记录丰富的生活，帮助更多人认识自己，阅读与写作。

我给新家买了各种雕塑作品，我喜欢这种沉默的白色物件。我从初中开始学绘画，画室在五楼，是全校最高的地方。高中要学习的是默写雕塑大卫、伏尔泰、孟德斯鸠，大学时速写雕塑，现在买来它们陪伴我，仿佛绘画求学的时光一直在，我也可以一直是学习者、修行者。我搁下画笔多年，在成为全职写作者后，又重新画画。我先挑战了油画，后又学素描和速写，还找了老师教我，陪伴我一起画。

在一起画的过程中，所有的杂念褪去，老师对我说，你是有天赋的。这一瞬间，我想起初学绘画时，我挑战画雕塑伏尔泰，画得太糟糕，一团黑，整个人是变形的。我坐在画室的最后排，懊恼和羞愧同时袭来，自尊与骄傲在失败时格外令人伤心。我低着头，不敢看周围的同学和他们的画，绘画的老师格外关注我，走到我身边说："画画不要着急，你是有天赋的，你能坐得住，而且坐得久。"

这个坐得久，一坐就是二十几年，读书、写作、绘画，没有这些力量的支撑，我怎么一个人对抗失眠、黑暗与挫败？就在今日，突然听闻高中那位令人尊敬的、鼓励陪伴我绘画的美术老师猝然离世，而他给予我的鼓励如在耳边，我唯一能做的是将这种温暖与鼓励，给予其他人。

人活在世，要多给身边的人留下一些温暖的场景、有温度的言辞，这些会永存在记忆深处，不会熄灭，不会过期，会被活着的人一直惦念和追忆。

开家小店，贩卖幸福

我今年的规划完成了一半，为了完成一本非虚构的人物故事集，我前往云南大理、贵州贵阳、广西桂林、广东中山、福建福州和泉州，采访了许多开店的店主。其中开咖啡馆的居多，也有人开了面馆，还有一个人在创业养鱼，每个人都有自己的故事和心愿。店主大多数是女孩，有想法且没有那么现实，我深深地认识到，生活格外热衷于去帮助内外通达的人，并给他们更多机会。

每次采访结束，我都会格外想念在北京工作时遇到的一个人，他的理想就是开家小店，贩卖幸福。

当初我觉得他好浪漫，又是名校毕业，对当时的我来说是遥不可及的人……现在不知在互联网经济的热潮中，他是否如愿开了小店，有没有获得自己想要的生活方式，有没有遇见喜欢的人。

就在这个秋天，即将入冬的时刻，我因为做一个老师的书写课，有幸跟随他去了许多城市，重游了二十几岁生活过的几个城市。

记忆最深刻的当数北京，我再次回到北京电影学院，观察自己生活过的地方，不禁泪流满面。许多地方与之前大不相同了。我住过的地下室已不在，隔壁公园的花朵在与寒风的抗衡中，花瓣悄然落下，所剩无几。之前的老朋友与老同事们，也有了隐隐约约的变化，虽然每次出差都能顺利约见，但一次次的见面叠加后，还是会发现随着生活的变化，每个人都有了不同程度的改变。

每个人的时间都不相同，时间不是顺时针走的，而是在一次次重逢、一次次告别、一次次选择后，有了不同的归途。所以，现在的我特别愿意重游之前生活或出差的地方，去住过的酒店，写作过的咖啡馆看一看，这不失为全职写作后的自己最大的浪漫。

这次回京，我住在民族饭店，酒店在特别繁华的长安街的旁边。我除了见客户，剩下的时间一直在走，看从前的书店、景点。物是人非的意义，是你以为你还是你，时间却用坚定的声音告诉你——在时间的面前，没有永恒，对于生活而言，你只是一个路过的人。

我路过了一家家小店，各种烧烤店、奶茶店、火锅店、服装店，求学时，我曾经对这些店面充满了好奇，不停地打量它们，对美食和漂亮的衣服都充满了好感。此时此刻，我远远看着，不再期待拥有所遇见的任何物品，身上所要承受的重量却比从前更重。

在北京待了很长时间，我特意采访了一个偶遇的服装设计师。她不仅设计服装，还喜欢写作和旅行，灯光下的她是那么美。摄影师帮我们拍了许多照片，她的助理为我端来了咖啡，对我说："你喜欢哪件衣服都可以带走，我们老板娘说要送你，交你这个朋友。"

采访结束后，我穿着设计师送的棉麻衣服，重新走到北京的街头，又有了不一样的幸福感。收到礼物，感受到一种被人珍视的愉悦，可抵秋雨冰凉。我撑起伞，缓缓向前走去，对这个城市的爱与归属感，只能一遍遍地用双脚踏实地走过，才能感知与归纳，才能准确地描述。

如果没有写作，没有迫切的任务让自己一再奔走，我应该做着怎样的工作呢？会不会也开了一家杂货店，店面开在城市最繁华的街头呢？

我想自己应该会开一家故事店，让每个走进店里的人，写下他们的故事；或者我帮他们写信，寄给远方挂念的人，如果没有，也可以把信收好，等来年他日再取。给遥远的人写信，写下心情，诉说特别的人生，分享境遇，我好像特别擅长做这件事。街头人来人往，我在店里写作，等待那个前来写故事的人。如此想来，等我缓缓老去时，仿佛找到了生命的某种可能性。只要想到街头有个店面是为我而开的，我便多了几分前行的期待与动力。

秋雨越下越大，冬天的味道若隐若现。不管人有怎样的期待与幻想，时间从不语，也不为任何人停留，它一直有坚定的方向，我顺着时间的指引，缓缓向前走去。不迷茫的时候，即使梦想只是虚幻，也格外有力。

不听妈妈的话

在商场的门口，我在等朋友一起用餐，看到一个漂亮的年轻妈妈领着一个小男孩和一个小女孩从我面前走过。年轻妈妈突然停了下来，对着小女孩责骂：“你怎么穿了这件衣服出门，这件衣服很脏。一个人连自己穿的衣服都不在意，那还能在意什么？”

小女孩很委屈，眼泪汪汪，妈妈继续责骂：“人家一看你就会觉得你很脏……”小女孩哭得更厉害了，两个孩子不知所措，被妈妈带走了。

这简单的一幕，居然一下打开了我尘封的记忆。这哭声让我想起自己读小学时，已经很爱美了，特别喜欢一件衣服，恳求妈妈给我买，但未被允诺的那种感觉。小时候，妈妈总是约束我，总是拒绝给我买我喜欢的衣服，教导我勤俭是美德。但这种行为其实伤到了我，我会认为，我不被她认可，所以她才会拒绝为我买好看的衣服，或者我不配拥有那么美好的东西。

成年后，在特别辛苦时，我喜欢买许多漂亮衣服来满足自己，我把那些衣服比喻成缺失的母爱。后来我从北方的小镇到北京学绘画，我发现我自卑的点不是衣着，而是错误的认知。我因自己衣着普通，无法像其他人那般光鲜而存在落差感，但实际上其他人根本不在意我穿了什么，只在意我今天画的画。

对美求而不得的失落感，一直缠绕着我，时至今日，我依然对美丽的衣服毫无抵抗力，有一种想法被深深地刻在我的内心——要学会自己宠爱自己，因为他人无法给予你想要的爱。

眼前的小女孩肯定有漂亮的衣服，只是没有穿，可能是因为马虎，可能是因为自己并不在意。我仔细看了女孩紫色的上衣，没看到任何妈妈口中所谓的“脏”。可能真的是妈妈很在意，而孩子自己和其他人根本不会关注。但，这就是母爱的强迫症。

穿得干净得体重要吗？我每次出门前，都会在镜子面前站上几分钟，拼命点头，来肯定这种重要性。但与快乐的状态相比，衣着整洁并没有那么重要，特别美的衣服，也不过是服务人们、取悦人们的工具。

回想我采访过的许多成功人士，我早已忘记他们穿了什么样的衣服、衣服是否整洁，我仅仅记住了他们的欢笑，以及那些特别有智慧的话语。唯一一次，我记得采访的作家穿着白色的裙装，裙摆被她的小狗舔来舔去，已经弄脏，但她毫不在意，依然宠溺地抚摸着它，而我也特别用心地写那篇采访稿，她与小狗互动的情节让我感受到了她与众不同、特别友善的一面。

我们有时太在意不该在意的一面，会忽视美好与细节。一旦做了妈妈，会更严格，不仅要求自己完美，更期待孩子完美地出现在众人面前。这是不恰当的期待。比起衣着干净，我更在意孩子在这个下午的体验，来到商场看到了什么新鲜的事物或商品，是否喜欢体验的活动，有什么美食可以品尝。一旦玩起来，没有人会在意孩子的衣着。

包括我自己，每天在镜子面前站那么久，我的口红、粉底液，也只是为了取悦自己而存在的。孩子的世界没有取悦的概念，所以，成年人要蹲下来，平视孩子们去交流，才会发现他们看周围的一切都要仰视，压力、要求或吼叫，都会让他们变得敏感和恐惧。但我们习惯从成年人的视角，俯视着去看、去要求，结果适得其反。

让孩子尽情地在泥土中玩耍，尽情地穿他喜欢的衣服，尽情地嬉戏、释放。我们是孩子生命中的观察者和陪伴者，但不是主宰者。

我们拥有孩子，孩子也拥有我们，我们是彼此生命的一部分，但又各自独立，要为自己的选择负责。我不强迫他一定要服从我的安排，因为我也有做错事的时候；不要求他一定完全符合我的要求，因为我的要求也不一定时刻正确。我希望孩子能生活得更自在一些，我的认知和爱不应成为他的鸟笼，而应是他的起点。

长大后，他飞呀飞，觉得疲惫时，会想起我；觉得困顿时，会来与我商量。我不会当众批评他，因为他有自己的感受，批评他就是否定我的一部分——我没有做好，更不能要求他完美。有时不必听妈妈的话，妈妈的想法也不一定全部都对。

自从我做了妈妈，开始对育儿的话题很敏感，也常常会自责因为工作而不能更多地陪伴孩子。那就把这一点一滴的变化都记录下来，我们一起长大吧，所有的男孩女孩。

第四部分

冬藏：愿意为漫长付出

立冬后的第一场雨

我终于下定决心开始拍视频，拍了十条后，有平台联系我，想推流我的最新视频。在立冬的前一天，我们穿着短袖在愚园路拍视频，第二天天气骤然降温，人们纷纷穿上了棉衣。天气比人类更了解一年四季的节气转换，它总是第一个做出反应。

立冬的第一场雨，我和摄影师赶往共青森林公园拍视频，雨越下越大，我越来越想放弃，但摄影师一直在鼓励我，他的理由是，有些摄影师就是很喜欢在下雨的时候来这里拍照，他从未在雨中拍过共青森林公园，所以想体验一下。

本以为公园会空无一人，待我们走到公园深处时，才发觉处处是动人的场景。有人在雨中拍婚纱照，有人在拍花朵，有人在雨中谈恋爱……这与我想象中的雨中的公园完全不同。普通人的浪漫温馨动人，大自然的魅力就在雨中。人在雨中会更加柔情、敏感。只是这一场雨，冬天就如约而来了吗？

一个穿着一身灰色套装的漂亮女孩，请我帮她拍照。

我问她，为何选在雨天来公园？

她笑着说，我很想痛痛快快地淋一场雨，一直没有机会，看到外面下雨了，赶紧请假过来了。

女孩边把伞递给我边说："你用吧，我去淋雨了。"她跑到了草坪深处。我顺着她的背影望去。

她突然转头说："你知道吗，我失恋了，但淋过雨我就不再感到难过了，陌生人，谢谢你。我很快就要离开这个城市了，从此以后这里再也没有令我留恋的人了。"

我有许多话想安慰这个女孩，想告诉她，不要怕，也不要为失去的爱情而难过。但我什么都没有说出口。写作已经把我训练成了一个纵使内心情绪翻涌，但也不太会用语言来表达的人。我看着她的背影渐渐消失，自己也转身去拍视频了，由于一直思考她与她的故事，我不小心跌倒在地上，顿时有种悲伤的感觉，无力且无奈。

摄影师给我打电话，说布景好了，赶紧过来拍。

我咬着牙爬起来，在雨中朝前方跑去，看到前面有一对老人，他们非常仔细地观察着树荫下的流浪狗，并不时地拿出零食来喂它们。

我对他们说，要注意安全，前面路很滑，我刚刚就滑倒了。

老人抬起头，对我挥挥手，表示感谢。我继续朝着摄影师发来的定位跑去，一边跑，一边委屈，但我内心深知，想要的生活是付出更多努力都不一定能得到的，所以不能有更多的抱怨。

人在雨中会变得更为柔软、敏感，尤其是在这座森林公园中，白天能一眼望穿的人和事物，此刻都要小心翼翼地分辨。此时我怀有一种前所未有的冲动，想去记录此刻雨中细密且温柔的感受。

雨打湿了我的衣服和头发，拿掉雨伞的瞬间，我感觉到冰凉的雨滴落在脸颊上、脖子上，冰凉的雨滴告诉我冬日的到来。从春天到冬天，我一直在寻找自我，不过四个季节，却像四十年那般漫长，又像四秒钟这般短暂。这一年对我来说格外重要，四季教会了我如何生活，也让我看到了生命的更多面。我不再像个苦闷的成年人，每日神色慌张地穿过马路，匆忙赶路，常常忘记收揽随时会碎掉的故事。

春日时，我还不曾明白，为何生活要逼迫我选择离职，究竟是想让我理解什么。此刻的自己，如同眼前的雨那般自然和平静，生活渐渐豁然开朗，展现了它的深意。得到与付出的平衡，永远在一个转身，一次照面，一个招呼中若隐若现。我无法苛责谁，只能在全盘接受中，观察自己的心意，观察自己的一次次转变与收获。

在拍完视频回家的路上，我接到朋友的哭诉电话，朋友哭诉的原因还是与上司的各种不和。我默默地听完，没有指责她的领导，这令她有些惊讶。在这么美的雨天，在这座美好的森林公园里，我只顾着做一个静静的欣赏者，欣赏不同的关系，不同的自然而然，竟然忘记了与姐妹站在统一战线。

我和摄影师最初拍视频时，来回改变主题和内容，一心只想快速获得关注度。折腾了几个月后，我们现在的目标变成只是为了记录一段生活。当这个目标确立时，我们都松了一口气。世事艰难，在困难重重的现实中，在不知不觉间，我们显然已经学会及时放下和接纳，允许某种不如意，允许自己偶尔缺少某种能力，肯定一切好的结果，也允许一切失败。不管怎样的事情发生，我们都没有恐惧，失败只是一个信息，只有不自我攻击的人，才能一笑到底。

摄影师锡总问我拍视频或写作红了以后想做什么。

我说："我想创立一个免费的养老院，就在杭州的山里，我来负责照顾他们，每天采访他们，写故事，陪伴他们走过生命最后的阶段。"我好像一直对"陪伴"这两个字有别样的感觉。

锡总说，我红了想去帮助山里的贫困学生读书。他就是从山里走出来的孩子。他知道山里的贫困学生读书有多艰难。

看到彼此的想法里，都有善意的举动，我豁然开朗。我们对拍视频的态度忽然之间就变成了“不妨随意一些吧，记录当下的故事和心情，等以后回忆时，比照片生动就好”。这么想的时候，我突然就拥有了许多特别的灵感。生活成了素材库，取之不尽，用之不竭，这本书还未完成，我就开始想写其他的故事了。

这种创作的状态，是我写作十几年来从未有过的，谢谢生活给予我的嘉奖，我会努力的。不管摔多少跟头，我都会爬起来，继续跑下去。下次大雨，邀请你也去附近的公园走一走，你一定会有不同的感受。我们雨里见。

就是喜欢你

喜欢一个人，喜欢做一件事，需要理由吗？需要。我的理由是——人这一生最幸运的事情只有两件，一是遇见喜欢的人，二是遇见喜欢做的事情。这两件事不容马虎，事业和爱情永远是人的左膀右臂，太阳升起，人们要投身事业，太阳落山，人们要与爱人相拥。价值感和归属感是我们一直在不断寻找的东西。

我和读者出版集团的编辑王老师相约在上海童书书展见面，我住在上海的最西边，她在上海的最东边等我，花费两小时，我们终于见到面了。

我问王老师，你们为什么会签约我的两本书，不会担心我完不成吗？她的回答令我难忘。

她说，因为我们都挺喜欢你的，其实如果你能写更多，我还会签。说完，她还拿出了一本我的新书让我签名，是她的一个同事让她帮忙请我签名的。

“喜欢”这两个字特别简单，也特别有力。喜欢这个词语或动作，几乎可以成为你选择时的准则。工作的时候，请选择打心眼里希望你好的人去合作；恋爱的时候，请选择真正彼此喜欢的对象。喜欢的时候人最有动力，也能感受到最大的善意。

从毕业到现在，我的工作标准只有一条，那就是选择做我喜欢的事情。如果没有那么喜欢目前的工作，那一定要有自己喜欢的人在其中。如果既不喜欢目前的工作，工作中又没有自己喜欢的人，即使薪水特别高的工作，我也不会做。这的确有些任性，但不会留下遗憾，而且幸运的是，我从未因选择喜欢的人或事而后悔过，这可能是因为喜欢本身就是力量。

我从北京意林集团离职，来到上海工作时，有两个选择，一是去《读者》集团继续做讲师，二是去慈怀读书会做编辑，前者比后者的实力强太多，薪水自然也高很多，但推荐我去慈怀读书会的人是我的好朋友，所以，我义无反顾地选择了慈怀读书会。而后我在慈怀读书会待了四五年，虽然后来的工作并不如意，我没有在这里一直工作下去，但我依然感谢朋友的推荐，感谢慈怀读书会创始人陈老师的推举和帮助……

回忆在慈怀读书会工作的那段时光，我依然认为那是一段桃花源般的生活，往后余生，再也不会拥有那样的青春和那样的时光，再也不会拥有那个阶段那么友善且主动的朋友。在工作和生活中，我以“士为知己者死”为原则，有感情地活着。生而为人，最高贵的是情怀，我认为最重要的是要有敢去爱的勇气。

就在今天，采访完星巴克供应链的区域总监胡老师后，我问了她一个问题，她选择人才的标准是什么？她回答道，最重要的是四个标准——理性、主动、逻辑性强，不感情用事。我心中一惊，发现自己和这几条标准都相去甚远，尤其是最后一条“不感情用事”。十五年来，我“闯荡江湖”的理论根据好像都源自最后这条——因为我选择工作或合作伙伴的标准就是“喜欢，无条件地欣赏”。感情不必说，自然是喜欢至上，工作更需要喜欢这种特殊的情感投入。情绪少、欲望少、杂念少的人，会更容易喜欢他人，或被人喜欢。

我采访过多位突然离职的人，他们突然离职的原因，多半都是不喜欢上司，被生命中最后一根稻草压垮，选择了离职，但如果喜欢与上司合作，或欣赏上司身上的某个特质，就会有不一样的行为。结束一段感情的过程也是如此，可能彼此还有爱，但最初那种懵懂新鲜的喜欢，一定荡然无存了。

我记忆中最深刻的一件事，是一位作者老师对一个热点新闻人物产生了极大的兴趣，这位作者老师历尽千辛万苦做了各种采访，但做出来的书不尽如人意，无人购买。她写文抱怨时，我突然意识到，内容为王，倘若一心追求热点，内心毫无波澜，忽略“喜欢”这个判断标准，一定写不好书，也做不好任何事，更难以与他人连接，因为内心缺乏热情与能量。

当然，以喜欢为准则，可能真的是简单且幸福的人所为，大多数人的选择都是理性的、冰冷的，如同我在读书群里，看到某位创始人与她小伙伴的交流，她说：“我不要情绪价值，我只要结果。”小伙伴回答：“如果我没有情绪价值，那就不再是我。”

情绪价值才是合作的一部分，只有理性的衡量，反而会让人陷入被动之中。一个人首先是有情感的合作者，才能发挥最大价值，如果把员工和下属当成只求结果的工具，往往无法达成心愿。人贵在有情感，可以交流，可以分辨。

全力释放生活的意义，是充分感受每一个发生、每一份情感。喜欢你的人会带给你滋养，会形成宁静、安稳的磁场。不喜欢你的人即使聚在一起，也会很快散去。找到对的人，做对的事情，遇见真正欣赏和喜欢的人，从内心深处真正认可自己——这是做喜欢的事，过喜欢的生活的根本。

重新理解快乐是什么

快乐，一直是被我忽视的感觉，我的快乐阈值很高，发自内心的快乐的阀门很难被开启。因为我一直认为自己是孤独且忧伤的人，很难做出开心的举动来鼓励自己。哪怕有了很好的结果，我也会匆匆放下生活的嘉奖，继续往前，往风雨中走去。我不敢骄傲，因为内心有许多期待，沉甸甸的感觉，让我无法放松。

三十岁之后，我每一年都要求自己写下我所理解的快乐，以及这一年做了哪些令自己快乐的事情。不知不觉，我记录了七八年，却发现基本都是不太快乐的片段，我本想记录一本快乐手册，却将三十岁后的生活书写成了一本女性成长的“悲伤手记”。

2019年我曾写过一本书，取书名的时候，很想把书名定为《不敢太快乐的我》，编辑认为这个书名太负面，就把书名改成了《所谓世间，不就是你吗》。后来，我跟好朋友林夏探讨过“怎样做一个快乐的人”这个问题，她说活着就是要快乐，我却认为快乐不重要，平静最可贵。

我对快乐一直怀有敬畏之心，感谢这个秋天，我读到了伊壁鸠鲁的《如果我们可以不通过消费获得快乐》这本书，他写了这样一个观点：一个人不痛苦就是快乐。

他详细地分享了四种不同类型的快乐——动态的肉体快乐，比如进食；静态的肉体快乐，比如不饿肚子；动态的精神快乐，比如与朋友谈笑风生；静态的精神快乐，比如不受任何事情的干扰。尤其是伊壁鸠鲁认为静态的精神快乐，就是不焦虑、不担心、不害怕，意味着不动心，等同于平静。

我看到这里恍然大悟，原来我一直追求的平静也是快乐的一种表现。一天之间，无事发生的时刻，便是良辰吉时。快乐并不一定是时时刻刻哈哈大笑，倘若每一天都如常走过，也不失为幸运。

我理解的快乐应该是对时间、对自己、对细节的观察。开始直播之前，我为自己买了一束白玫瑰，并把它放在直播间，领读了十五天后，我发现白玫瑰已经枯萎，而《小王子》这本书带给我的温度和余味，还在我的心中发酵，让我踏实、温暖、平静。

同样是十五天的时间，同样的存在，却会有不一样的结果。玫瑰花会枯萎，阅读的收获被悄然放在了心中。得到一样东西时的付出也不相同，因为买一束花这个动作是容易的、随心的。而领读《小王子》需要十五天，十五小时，这个动作需要付出，需要花费许多心思。作者朋友劝我不要再直播，没有人可以理解，你为什么要去做这些事情，就像没有人可以安慰你的失败，因为我们特别喜欢赞美成功、歌颂获得，这让我们对失败的理解非常狭隘，也不够宽容。

今年的我开始仔细地观察时间，发现那些在时间中留下印记的事物，更值得我们花时间学习。我现在特别喜欢下午三四点的时候，太阳微微落下，阳光不再那么耀眼，学生陆续放学，光影格外美丽，这时的光线非常适合拍照。咖啡馆坐满了交谈着的人们，仿佛每一个人都有故事可写，我是一个局外人，观察着他们，也观察着自己。我们享受同一个黄昏，内心却有不同的情愫，流淌着不同的思绪。

我理解的快乐可以是一种想念，我时常怀念刚到上海工作时，上下班会路过一个小区，抬头可以看到一扇陌生的窗台上摆放了一排雕塑，看上去非常暖心，安慰了每天晚上加班到深夜的我。

后来，我买房的时候踏入过这个小区，见过那扇窗户，以及雕塑摆件的女主人。虽然无缘买下那套房，但我依然感激当时的偶遇，那扇窗给予我绘画灵感和快乐，它是我留在这个城市的一种激励。我越来越发现自己很难被具体而强大的目标鼓舞，只有这种转瞬即逝的感受，或微乎其微的幸福与期待，才能真正感染到我。感性的力量，没有理性的力量有规则感，但一定更有韧性，也更强大，从不会被折断。

我理解的快乐是一种等待。后来我成了别人的妻子，拥有了自己的房子，不管出差到何处，一想到家里有一盏灯在等自己，就会莫名感动。我是一个很容易把身边人宠坏的人，对别人永远比对自己好，我并不觉得这有何不妥。看到身边的家人和朋友，因我的存在而变得更安稳和快乐，我就会感到莫大的幸福。

快乐与成功无关，与内心的收获有关，快乐是平静，是积累，是怀念，是等待，每一种快乐都需要时间，需要付出。我画不出快乐的模样，也无法描述它的具体形状，但它是真实的存在，无时无刻不在影响每个人。三十岁后的人生课题——输赢已不重要，不再标榜如何成为一个快乐的人，而是思考如何让身边的一切因自己的存在，平和且有条不紊地前行，耕耘，收获。

冬日适合总结与思考

立冬过后，上海的天气居然像春天般温暖，我站在树下，等待树叶缓缓落下。北方已经下雪了，上海还在温吞吞的温暖中，不舍告别秋天。

又快到了一年总结的时候，朋友圈的很多朋友已经开始抒情，或呐喊让这一年快结束，或无比留恋这一年，或感慨时光匆匆。自身渺小，世界庞大。看他人总结的文字，我会焦虑，一旦开始总结自己这一年的得失，焦虑又上了一个新的台阶。

即便如此，一到冬季，人虽然如同冬眠的动物般倦怠，但仍要打起精神来总结这一年的得与失——我路过了几个茶馆和咖啡馆，里面都坐满了开会的人。

从今年开始，每过一段时间，我都会问自己几个问题：你最近最大的收获是什么？你距离自己的目标还有多远？每次这么问，我的内心都感到惊恐，我的生活远观像一袭华美的裙装，隆重美丽，走近才能看到上面的斑点和污渍。

今年自己最大的成长，是在生活方面。我比从前更包容，“执念”明显褪去，见到了更多有能量的人，仿佛自己也沾染了额外的力量与温度，拥有了面对未知的勇气，明确了明年创业的方向，我愿意为一种可能性而付出，而不再局限于从前的踌躇满志。

在写作方面，故事不再局限于朋友或眼前人，反而多了风景、树木、陌生人等远方的故事。我终于不再宅在家里，想象故事的发生和结束，反而有了更多的时间在路上，在风景里，故事也因此鲜活了起来。

之前的写作很容易把我困在眼前的生活里，今年我拥有了这样一段自由写作的时间，恰到好处地帮助到了自己。我就像背着画板的写生者，又像背着行囊远足的旅行者扒开一片森林的层层树叶，在落雨和风的面前，终于可以停下来，进入随时可以放空的状态。

现在的写作方式越来越多样，看到朋友圈有朋友正在以导师的身份培训 ChatGPT 创作，有人建议用手机的语音软件写作……这些都是很好的写作方式，不过原谅我是一个守旧且朴素的人，我依然还在坚持用最原始的方式输出，难免老气横秋。每当我有了好的写作想法，都会把它用铅笔记在笔记本上，而后整理到电脑上，通过用笔写写画画的方式，帮助我整理了思路，舒缓了情绪。

今年我有了更多的创作时间，疯狂地输出，写满了十几个笔记本，每一页都记录着我要做的事情，我的灵感和目标，我的读书笔记和风景速写……我开始理解那些比我提前创业的朋友，为何之前都不太回我的微信，他们或在匆忙赶路，或在热烈拥抱生活。更关注自我的时候，人的行动会更聚焦，当一个人内心变得强大后，就会收回目光，回归到自己的身上，不再在意与别人打交道，会以自己的原则和标准来处事。

我收到一个作者的留言，说羡慕全职写作者，毕竟上班真的很辛苦，不像自由写作者一样时间自由。

大家总有一个误区，认为全职写作者的时间自由，一切都很随心，其实一旦你从事了全职写作，就会发现真正行动起来，比上班要付出更多。所有的时间都属于你了，如果还不能好好写作或有所成就，你会开始怀疑自己的能力。写作喜欢拥抱努力且灵气十足的人。

所以，一定要狠狠地逼自己一把，拼命地往下写，拼命地表达，没有拼命的概念与意识，就不要写作，它不适合试一试。虽然写作的门槛相对低，只要你认识文字，就能拿起笔和本子开始写作。但要想写好，没有时间和付出的积累，没有及时的反馈和海量的阅读，写作就是空中楼阁，难以精进。

这个冬天，我把写作分为三个阶段、三种方法，与大家共勉。

第一个阶段，我称之为“空白写作”阶段，在这个阶段，你可以大量地写，大量地创作，甚至可以盲目自信，认为自己就是绝顶高手，不遗余力地把才华发挥到极致。

第二个阶段，是突然看到一部电影，听到一首音乐，看到喜欢的作者的新书上市，读了一遍，才意识到自己的狭隘，我称之为“不敢创作”阶段，在这个阶段，你会看到各种各样的创作者的优点，你很容易眼高手低，你只是眼界提升了，但你的写作能力并没有提升。

我有一个朋友毕业于创意写作专业，现在在中学当老师，她没有时间写作，即使写了也一直否定自己，来回修改。所以，写作者往往会在这个阶段停留，开始怀疑自己，甚至认为自己没有天赋，无法从事写作这项工作。

第三个阶段，我称之为“看山还是山，看水还是水”

阶段。你发现经历了所有的风雨后，还是要撑开一把伞，走自己的路。于是，你不顾一切地往前冲，这个时候的写作，不仅有空白写作阶段的激情，也有不敢创作阶段的贯通融合，还有参照物，所以更自如。

这三个阶段呈现螺旋状前进的方式，伴随我们写作的过程，也伴随了我们的成长与思考。所以，任何阶段都不要轻易否定自己，不往前走，你永远不知道自己身处哪个阶段。但任何一个时期的自己都是盲人摸象，抱着这样的心态去做事，人会平静许多。

我今年一直在埋头苦写，写了很多文字，有小说，也有散文，其实我已经在悄然转型了，在走向创作小说的路途中，有很多知识要学习，要重新理解复杂的人性、不那么饱满的自我以及和他人的距离，这些都是我的功课。

我坐在泉州这座温暖的南方城市的咖啡馆里写作，总结这一年的得与失，回忆过往来到这里讲课的时光。我特意把开元寺走了一遍，故地重游，突然有种幸福的感觉在心中弥漫，这种感觉与任何人无关。余生，请你慢一些，时间流逝得再迟缓一些，再多给我一些时间，让我这个笨拙的人，把自己要写的故事一一写完，不留遗憾。

在第一场初雪里许愿

2023 年快要结束了，我前往北京出差，恰逢二十四节气中的大雪时节，偶遇了北京的一场初雪。我和同伴兴奋极了。自从定居上海后，再回北京的次数有限，仔细想来，我已有好几年未见过下雪的场景了。

我喜欢下雪的场景，雪好像带着一种天然的包容力，掩埋了所有的一切，用它独有的方式冲洗了这个世界。我想下雪应该是大自然的所有活动中最浪漫的事情。

坐在高铁上，我打开了一位读者朋友的手写信。读信的时候，我看到窗外的风景呼啸而去，内心既感动又柔软。谢谢你，亲爱的朋友，谢谢你还记得我，还在陪伴我，从我的第一本书到现在，你还在耐心地陪伴我成长。

我们虽然素未谋面，但在我的内心深处，你一直是老朋友般的存在，温暖且自洽。

我最近集中精力在闭关写作，音乐、咖啡、孤独、失眠陪伴着我，美好又自然。我总在出差，有时是北京，有时是杭州，有时是更遥远的地方……我的探索从未停止过，明年会是收获颇丰的一年，我很期待 2024 年。

我特别喜欢自己翻译的聂鲁达那本书的红色封面，我的新书第一次使用红色。封面所用的插画是油画大师马蒂斯的作品，热情又饱满，丰富且内敛。翻译的过程中，发生了许多故事，一边是现实的巨大困境，一边是文字的温柔抚慰，安抚了我焦躁的情绪，让我随着聂鲁达的文字沉静下来。

我在每一年做一些新的事情，与金钱无关，与目标无关，就是简单的挑战自我。我曾读到过一段文字，马克·扎克伯格作为脸书[①]的创始人，每年都给自己设定一个新目标，这些目标纯粹就是为了挑战日常。

---

① 现改名为元（Meta）。

2009年他的目标是每个工作日记得戴领带，2010年是学习中文，2011年他计划只吃自己杀死的动物，2012年是重新开始写代码，2013年是每天认识一个新朋友，2014年是每天写个表示感谢的便条，2016年是跑步并开发私人AI助手，2017年是拜访美国的每一个州，2018年是修复脸书的重要问题，2019年是组织一系列关于科技未来的公开讨论……

不知道这对你会不会有借鉴意义，我是从来到上海以后，开始给自己每年定一个目标，比如一年内学会游泳，一年内学会骑马，一年内考过雅思……如此下来，虽然特别忙碌，但在闲暇时间，挑战了自己，就会有超出预期的满足感。

这次来北京，我在酒店里照镜子，同行者翻了翻我的头发，认真地提醒我有很多白头发。我这才意识到，这一年自己长了好多白头发，真的有些伤感，虽然衰老不可避免，但我一直以为它距离我很遥远。我像个一直勇往直前的勇士，有时急速前进，有时缓步前行，有时激进冒险，有时保守求稳，但我从未放弃过成长，也从未认真地意识到，在时间的流逝下，无论是谁，衰老都是一条必经之路，但你不必惧怕，它是经历，也是归程。

我走出酒店，来到北京的街头，等一场雪，一直走到十二点，雪下了起来，纷纷扬扬，让世界朦胧起来……北京的第一场雪，被我如此偶遇，不由得让我生出一种幸福感，我伸开手掌，冰凉的雪在手心里融化。

我亲爱的朋友，2023 年可能是我活得最像自己的一年。我沉浸在阅读、写作、讲课，做系列的深度采访活动中。我的确比从前更开心、更从容，也比从前更繁忙、更投入，我时常感到自己内心深处打开了一扇窗，窗外是无限的自由和有力量的平静。

仿佛只要我愿意付出，就会涌进来更多的可能性与合作。虽然我还在摸索的路上，但一切都生机勃勃。迷茫和焦虑偶尔停驻一下，欣喜与平静陪伴我更多。

生活是最懂自己的人，它会巧妙地拿走不属于你的，并拿来更好的赠予你。前提是，你要知道自己是什么样的人，你想要什么。不然，即使努力前行，你也很难有收获。这句话也献给每一个想做自由职业者的人。

今年我帮几位老师策划了新书，找到了合适的出版渠道，这些新书也都取得了很好的成绩，包括我的新书也销售了超过十万册。这些数据带给了我许多信心。有时数据带给人的鼓舞胜过千言万语。数据更忠诚，比任何语言都真实可靠。

亲爱的朋友，你最后问我，在感情的世界里，比结婚更重要的是什么？

我想每个人的答案肯定各有不同。你看重什么，自然就会为它付出更多，也会留给它更多时间。

对于生活，我的内心所向是，无论结婚或单身，永远不要失去感性的生命力，不要失去爱自己或他人的能力。回想在工作的过程中，我经常遇见冷漠的面孔在计算或算计，我不屑与之为伍，选择逃避或退让。若再给我一次机会，我会正面迎接考验。我抬头看向雪，计划去东北看一场雪，人无法回答的问题，雪中仿佛都有答案。

对于感情，我想，感情要随缘，不必强迫自己，也不要勉强自己进入一段关系。保持独立并不是一件坏事。人对关系的渴望，本质上源自不安，不一定要破解它，允许自己不安，接纳自己的不安，告诉自己，因为不安的存在，你会做得更好，连接更强大的爱与温暖。

我恰好即将步入不惑之年，身边的人恋爱分手，结婚离婚，日常又破碎。我现在喜欢听到美满的故事和结局，不喜欢分离或悲伤，但我知道，爱并非捆绑，也不是理解，爱只是爱，是一种流动的情感。如果人生是一条河流，想要蹚过那条河流，依靠的是自己的力量。对，在所有的力量和能量，所有的支撑和支持面前，我只相信自己。

我总在告诉自己，你要活得更坦然，更有力量。冬天适合深度总结，也适合重新出发，我们都要更勇敢地迎接生命中一切自然而然的绽放。人生短暂，别总双手握拳低头走路，抬头看看天，就像《牧羊少年奇幻之旅》里的那个少年，善良且纯粹的人，更愿意相信，这些浪漫的人最终会遇见自己的宝藏。

从细碎的雪到鹅毛大雪，不过十分钟。我在雪中走了许久，把这一年的新鲜与寒冷，都写在了这本书中。愿你在自己的城市里，一切安好，如果太累，不妨“冬眠”一段时间。

下雪天真好，仿佛过去的一年都被埋葬且沉淀了，等雪融化了，又是新的一天，新的一年。雪是吉祥的存在，它不仅代表了一种更新替换，也代表了万物的和解。愿我们每个人的内心能经常性地下一场大雪，委屈与不解会顺着雪融化的过程悄然离去。在这个过程中，我们学会了理解他人，理解世界，珍爱自己，理解自己。

探讨生活的另一种可能性

我很喜欢刘亮程老师的文字，经常一读就上瘾，我最近痴迷他拍的记录自己生活的视频，他真的是浪漫生活的记录者，总能从不同角度让人看到乡村生活的可贵和美好，让人看到生活诗意的一面。比如，他的母亲和她所养的一棵树的感情，那棵树仿佛有了灵性，不再是一棵树，更像是一个灵动可爱的孩子。

我看到他在一篇文章里写，他有时会羡慕城市里的人，大城市的人际关系相对冷漠，可以更好地保护自己的隐私，不像乡村，一件事很快就会被传播开来，人与人之间的关系是透明的，很难有秘密，但创作确实需要自我的空间。

我是在小镇出生和长大的女孩，对小镇的人与事都充满了感情，但每次风尘仆仆地赶回家，回到小镇上，看到那些熟悉的人，内心会有落差甚至会失望，因为他们与自己所怀念的并不相同。但每次离开时，我还是会不舍得。

我已定居在上海，但骨子里的自己仍是粗粝且直接的北方小镇姑娘，我经常会问自己一个问题：如果当时没有留在北京或上海，没有在这两座城市工作、生活、奋斗、买房，我的归处究竟会是哪里？会是我去过的某个城市吗？应该不会，我去过的城市虽多，也喜欢过泉州、保山，但大都是一闪而过的记忆，并不深刻。我会回到小镇或县城生活吗？故乡虽然是内心牵挂的地方，但它真的缺乏一些包容的空间，可以吸引自己义无反顾地归来。

归来，这个动词不仅仅是一个选择，更需要合适的土壤来“重新”种植和接纳归来的人。一旦你在外求学、工作多年，就真的会变成异乡人，如果你没有离家过，就不会理解这种感觉。不安感围绕着我们，一旦丢掉喜欢的工作，那种感觉会让生活失去重心。有次我前往郑州出差，偶遇了几个郑州当地的女孩，她们生活的质感与我的截然相反，没有漂泊过的人向往她们身上的安定，但同时，过于安定又会让人想挣脱。

我曾和朋友一起做过调研，想把离家在外的年轻人的故事都写下来，主题是“回乡还是留下，探索生活的另一条路”。我们为此采访了大量在北京、上海、深圳这三座城市工作打拼的年轻人，总结下来就是：回不去的家乡，留不下来的城市。在不确定的时代，让自己变得确定，是一件幸福的事情。确定，需要十足的勇气，更多的人在逃避。

令我记忆最深刻的故事是，程序员董懂失业后，投了上千份简历，也没有找到合适的工作。但他还是很乐观，始终相信“车到山前必有路”，不相信生活会抛弃自己。

三十岁前，他的生活都是安稳的，择业也自由。但到了最后，他不得已还是要离开喜欢的城市。

他说，上海的女孩很漂亮，而且很优秀，如果找不到自己的同行者，回去反而是更好的选择。“即使没有遇到喜欢的人，还有父母可以陪伴我，有家可归的感觉你懂吗？”他问。我点点头。

东北女孩崔崔要离开上海时，约我见面，让我陪她把喜欢吃的美食都细细品尝了一遍。她是美食爱好者，认为回去后再也吃不到这么好吃的美食了。“也不一定，”我提醒她，“妈妈的手艺最好。”崔崔开心起来，这恰是她选择回到老家的初心之一。

“回去之后我要面临更大的压力，在上海不管你怎样生活，是否结婚生子，都不会有人把你当异类，但老家的接受度不会那么高。”她担忧地说。“不过老家会有你熟悉的一切，生活没有最优解。”我看向窗外。

采访结束后，我看着录音和文本资料，陷入沉思。城市一直张开怀抱，拥抱每一个到来与离开的人，但让一个人忠诚于一座城市，完全地融入其中，不仅需要他付出很多，更需要他认可自己和这座城市，并心甘情愿地投入。在不确定的时代，无人可以给予肯定的答案，城市也不行。只有自己坚定，看到生活的多样性，看到自己内心的渴望，才能不被任何一种生活埋没。

我读过丹麦诗人亨里克·诺德布兰德的一首诗，他写道："即使我能把一生再活一次，同样的十字路口，无疑还会把我带到同样的十字路口，且花样不会改变太多，仅仅让我的一条皱纹有别于我今天的这些。"诗人善良且勇敢，一生游走在丹麦的国土之外，在西班牙、意大利、希腊等地旅居，直到晚年，才带着自己收养的孩子，搬回丹麦的首都哥本哈根。

我突然相信了平行宇宙的存在，相信每一个人，在每一秒每一个决定的时刻，都会有若干个"十字路口"等待着我们。在更高维度的空间，我们才能看到自己的无限可能，看到我们可以拥有不同的生活。

在即将步入不惑之年时，我常有这样的想法，让我再活一次吧，再让我选择一次崭新的人生吧，可能只有那样，我的人生才会有所不同。但随着调研报告写得越来越厚，与每个人的沟通时间越来越久，我对他们从逐渐了解、熟悉，到陌生、理解，这个过程我懂，人生再活一次，我们还会重复从前的路，在选择之间挣扎。没有两全，只有贪心。

很少有人对当下是满意的。可能性不应该只放在过去的、已经走过的、活过的人生阶段，可能性还存在于未发生的余生。过去永逝了，未来还在某种可能性里，等待我们的选择。

一件完全“正确”的事

北方下了很大的雪，上海却是晴空万里。我在一家咖啡馆等朋友，看到坐在对面美丽且优雅的妈妈，正伸出手毫不犹豫地打向她的儿子。

男孩不过七八岁的样子，戴着眼镜低着头，默默流着泪，艰难地写着作业。爸爸坐在一旁，垂着头刷着手机视频，像另一个无辜的“孩子”。找不到依靠的男孩更紧张了，写作业的时候浑身颤抖，直到他颤抖着写完最后一个字，妈妈的脸上都像笼罩着乌云一般阴沉。

男孩低着头喝着饮料，突然号啕大哭。漂亮的妈妈又伸出手毫不迟疑地打向他。我很想劝这位妈妈，但我自己也被她那威严的样子吓到了，不敢靠近。我赶紧收拾了电脑包，换了一个位置，内心久久不能平静。

突然收到远在另一座城市的好友娟发来的微信，她告诉我，自己终于放下了好强的心，刚刚看到一个与她很像的下属，因为对自己要求很高，每一个小数点都要正确地向她汇报，整个人看上去特别紧张且痛苦。这一刻，娟顿悟了，也彻底醒悟了，放轻松点生活，活出松弛感，才是生活本来的模样。

我和娟一样，也是很容易紧张且追求绝对正确的完美主义者，但从今年开始，我争强好胜的心态在一点点改变，这源于我出差去讲课，在路上看到的一本书《文学中的人生进化课》，书里有个词语“悲剧性成长”。我们总是用一套同样的试卷和命题来考验所有的孩子，第一名是成功者，往下是优秀者、及格者，以及不及格的人。除了成绩，没有人在意孩子是否在其他方面有优势，单一的衡量标准让其他优势都变成了灰色。

中年以后，我们与年轻时极不相同，再看许多事情，不再是单一视角，反而有了多重答案和标准。视角不再是你或我的角色，我们总能清晰地感受任何人，也似乎能理解所有人。内心有种叫作悲悯的东西被一点点沉淀，永不丢失，永在生长，随着年龄增长，有了被无限放大的趋势，它不再是简简单单的善良，而是理解人生多面性后一种复杂的成熟，一种走过黑暗后依然勇敢付出，勇敢爱的纯真与豁达。谁读懂了中年人的压力，谁就理解了人生，这不是妄言，而是沉淀与清醒。

向内求时，人会放松下来，观察自己，觉察自我。当你能看到自己的情绪时，你已在自己的情绪之外，你就是自己的观察者，这就是“觉”，发觉、发现自己。

今天好友亚菲在一个群里的分享很触动我。她说每隔一段时间，都会深度觉察自己的状态变化，快乐的、难过的、被忽视的、被肯定的，她什么都不做，就是觉察自我，并记录这种种变化。

工作中的她是对自己要求极高的人，每次接到一项任务，就会变得紧张，然后立刻将计划行程排满。紧张进而引起焦虑，焦虑后会痛苦，她在痛苦中，生活一片混乱。为了保持秩序，她把计划写得很细致，每天推动自己去完成一部分……每前进一点，内心就踏实一些，这种写照就是在格子间里工作的我们真实的工作状态。

后来她来问我辞职后的安排和心态，期待我可以给她一些建议。我想，人可能任何时候都无法活出令自己满意的状态吧，小时候读书不好，会被妈妈一巴掌拍哭；长大后，无论工作做得好或不好，都会经历职场的种种困难选择；创业无论是赚到钱还是赚不到钱，自己都处于焦虑的观望状态……

辞职或不辞职，创业或不创业，都没有绝对正确的选择，忠诚于自己的想法即可。兢兢业业去做一件事，未必是正确的，散漫随心地活，也未必是错误的。在生活面前，选择太多，只要是当下能令自己心安的选项，都无比正确。

我衣橱里衣服的颜色都是黑白灰，我以此为傲，黑白灰给我一种安全感，中性色彩的衣服令人很舒服，上班时抓起来就可以穿，不出挑，不出错。

最近与好友娟探讨，我恍然大悟，其实我也可以尝试各种颜色，每一种颜色都代表了一种热情和态度。一旦着迷于黑白灰，严重到再无其他颜色，我去买衣服也只能看到黑白灰，看不见其他颜色。那么一旦我盯着看一个人的局部，是不是也意味着我很难转移视线看到他的全部？一旦我盯着生活的一个点，它周围的色彩和内容，都会被我忽略。

今年流行一句话——生活不是轨道，而是旷野。我想不管它是旷野，还是轨道，都有迷人之处，旷野有它的丰富和危险，轨道有它的枯燥和安全，没有绝对正确的评判标准，来证明是活在旷野中更自在，还是活在轨道之间更从容。活着是为了净化灵魂，让内心丰富，看见更多的风景。人生是无止境的，心也是。收敛和拓展，都需要勇气与智慧。

朋友问，那丰富的世界，平静的内心，岂不是自相矛盾？

答案是不矛盾。大自然一直是安静的聆听者，它拥有最辽阔的怀抱，以及最平静的内心。每当我情绪起伏时，都会以它为榜样，不力求每件事物的存在都正确，不要求自己聪明绝顶，不期待每件事都被公平以待，我们反而得到了一种解脱。

如果再有机会，我打算不再习惯性地穿白西装去分享新书了，我想穿桃粉色的毛衣，绿色的裙子，印着黄色花朵的套装。从我记事起，我的衣服都是灰暗无光的色彩，特别朴实无华，越低调的色彩，越让我心安，它甚至影响了我的梦。如果有可能，我期待我的梦也不再只是苍白或模糊的灰色，也让更多色彩在其间流动。

我们本应看到更多，本应被爱更多，本应没那么多焦虑。那些被剥夺的快乐、自由，往往被“正确”的要求和标准拦腰斩断了。

用这段话来结尾：看世界的角度很重要，要永远看到重要的那一部分，比如好友列表里 70% 的人是基本不会联系的人，衣橱里 70% 的衣服是不会穿的衣服，但它们存在的意义是丰富的。它们有时是为了衬托，有时是为了陪伴，有时只是我们错位的一次选择和买单。

世界丰富，人永远幼稚

十六岁男孩的妈妈把男孩带到我身边，叮嘱他要多和我交流。男孩不屑一顾地抬起头，看了我一眼，那叛逆的眼神凶狠且冰冷，他说：“我不想读书了，我想去欧洲。”

我问他：“具体哪个国家，哪个地方？具体的方式是什么？”

男孩无法回答，一时慌乱，低下头。

这个冬天，我坦诚地与他说了很久，结束的时候，他突然害羞地对我说：“从未有人与我这样交谈过，你对我真好。”

望着他的背影，我觉得他好像带着属于自己的答案离开了。我与男孩深度交流后，发现自己的体会与他妈妈的认知并不同，他比我想象中的早熟，且善解人意，被保护得过好，没有恶的念头，善得很纯真。在复杂且多变的世界，简单的人期待单纯地活，注定会辛苦。

人在特别年轻的时候，看世界是很朦胧的，十几岁时获得的知识和信息，可能比一个古人六十岁的时候知道的还要多，但这些知识基本都是碎片化的，不能连成一个清晰的整体。这个时候，处于缓冲阶段时，要学会倾听，学会看，学会判断，因为世界是丰富的，而人永远幼稚。

和男孩的交流，让我想起一本小说——《疯狂》，故事是说一名十六岁的少年带着一群同龄的同学们逃离寄宿，准备逃到诺伊泽伦，当夜乘车赶往慕尼黑，在车站，他们遇见一个老兵。

老兵对这群逃学的孩子们说：对待世界有看、听、理解、向前走这四种模式。只有看与听之后，才会有对世界深刻的理解，并做出“向前走”这最后一步的选择。世界的模式就是谁也无法逃脱，无法飞到理想的目的地。

老兵劝孩子们不要着急，要沉住气，悉心地比较、掂量，再选择一条稍微好一些的路向前走，并不一定要逃学。这个世界，不止有慕尼黑，还有许多更好的地方。

当夜，孩子们并没有听从老兵的建议，而是逃到慕尼黑喝得酩酊大醉。最终，老兵找到举目无亲的他们，在送他们回学校的那条幽暗的路上，老兵再次告诫他们：你们还年轻，现在唯一能够做的，就是等待、观察、再观察，生活不会总是如此。可惜他们都在沉睡，并没有听懂他的忠告。

车路过诺伊泽伦时，老兵的心颤抖了一下。战后，他就是在这里认识了妻子，二十多年前，妻子病故，被埋葬在这里的公墓。每隔几天，他都会拿着玫瑰花从慕尼黑赶到这里看望她，孩子们依然在沉睡。整个故事都在老兵的心里忧伤且平静地闪现，一群“既要又要还要”的孩子们却毫无感觉……

冬天，我跟着几个朋友前往云南保山，十多年前，我曾来过此地采访杨善洲，再次前往保山，我意识到这里跟我想象与记忆中的相差甚大。朋友们倒是很开心，一起去博物馆，一起去品尝美食。我看着变化巨大的城市，特别怀念十年前的自己曾在这里，一边流泪一边采访，记忆一片空白。我只记得几个穿着少数民族衣服的女孩，一边跳舞一边上菜的模样，深山处有一面很高的白色墙壁，上面写了一个很大的“佛”字……

那时我采访结束后的理想，是留在云南生活和工作。回到北京后，我坚定地想辞职，前往昆明找工作。主编看懂了我的心思，让我休息了一段时间，我第一时间来到了昆明，一边深度旅行一边找工作，但四处碰壁，万念俱灰时，疯狂想念北京的工作和朋友。

于是，我拨通了主编的电话，不顾一切地想要回到北京。回到北京后，接到的通知，是去做意林集团的文学讲师。我承受住了这个考验，一直往前……行走在出差的路上，我才意识到，当下的工作——四处出差与讲课，才是最理想的状态，想在生活和云南工作的疯狂，只是一时兴起，连尝试也算不上。

年轻时，得允许自己心思多变，个性叛逆，迷茫又退缩，理解自己的不够勇敢，不够豁达，不够坦诚，都是自己必然要经历的阶段，人是会改变的，以自己的方式成长或裂变。世界丰富且浩瀚，人在其中，渺小而幼稚，分不清方向，拿不准想要什么，都是可以被谅解的。

换个服务器，开始新冒险

我收到了一个读者的留言，一个男孩问我，死亡可怕吗？他为何每次想到这个话题就会很悲伤。男孩问这个问题时，正沉浸在一段痛苦的感情中，无法走出。豆蔻年华，恰是对爱和异性好奇的时刻，得不到爱意味着毁灭了他的期待，他格外痛苦。

看着长长的信件，我仿佛看到北方干燥的小城，在冬季经常吹着冷风，万物沉寂，敏感且多思的男孩女孩们，走在属于自己的荒原中。他们很难融入热闹里，身上有着一种误以为成熟的天真，有对这个世界最可贵的稚嫩的理解，却没有真正懂自己的人。人与人的交往多半肤浅，一旦深交，有了羁绊，既走进了复杂的迷宫，也给了另一个人伤害你的权利。

我没有理由忽视这样的信件与呼喊，只能把君君的故事讲给他听，期待在寒冷的天气中，他能懂得，女孩有千万种美好，也有千万种无奈。在只能谈喜欢的青春时代，爱是沉重的话题，到了可以谈爱的年纪，人反而失去了爱的能力。

前同事君君是美丽且幽默的上海女孩，我们在北京因工作结识结缘。当时她先生被派到了北京工作，她去陪他。后面她先生回上海，她也回到上海工作和生活。

后来我也因为爱情来到上海，自此结婚、生子、定居。中间与君君交流不多，每次都约好要见面，却因为各种原因，一直未见……我曾经真的以为我们今后还有许多时间可以再见，却没有想过，有时意外比明天，会更早到达一个人的生命中。

今年冬天，我来北京出差，偶遇从前的老同事，才得知君君已离世的噩耗。我不敢相信这个事实，站在王府井的街头，身边的人来来往往，熙熙攘攘，热闹的人流挤着我往前走。我的双手和双腿麻木，手哆嗦着赶紧打开她的朋友圈。看到她去世后，她先生模仿她的语气，发了她的最后一条朋友圈：宝子们，真的太疼了，我真的用力生活了。我们来生再见，别为我哭。这一生，我无憾了。

的确很像她的语气，才三十岁的女孩，说再见就真的再也不见了。我无法相信，也不敢相信，我一边流泪一边在台阶上坐了下来。老同事告诉我，她是得了脑瘤，治疗了一年，最终还是离世了。家人都很爱她，陪伴她走完了最后一程。

尤其是她先生，一直保留着她的微信号，他该有多痛苦，接受那么多人的问询后，日渐麻木，即使是祝福，也成了一种打扰。

我依然没有控制住自己，给她发了微信：君君，你在另一个世界还好吗？天气越来越冷了，在另一个世界照顾好自己，即使换了服务器也要记得老朋友。

世界太残忍了，她还那么年轻，朋友圈只剩下最后一条略显俏皮又令人悲伤的内容，她在生前到底经历了怎样漫长的黑暗与孤独，独自对抗了怎样的疼痛与绝望，我不敢想象。在我仅存的记忆里，她的存在已碎片化，渐渐模糊。她是那个傲娇的上海女孩，很爱笑，喜欢撒娇，同事们都喜欢她。吃饭时，她习惯只要半份；工作时，她习惯速战速决……

我记得我们讨论过，要如何让人生更精彩，她的回答令我记忆尤深。

她说自己只想开一家烙饼店，做人人都爱吃的烙饼。她从未想过生孩子，因为担忧自己无法养好。我们面对这个问题，曾激烈地讨论过——在我心中，陪伴孩子长大更重要，而她则认为给孩子更好的成长条件最重要。

这个冬季的早晨，上海突然下起了雪。在我的回忆里，她的身影越来越模糊了。有句话说，死亡不是终点，被遗忘才是。如果有可能，我不要忘记亲爱的她，那么有趣且温暖的人。

在我想象的世界里，她换了服务器，在另一个空间开始了自己的冒险。这短暂的一生，那个女孩求学、工作、努力爱人，很少为自己着想，她还没有用尽力气去远方看一看，追求自己想要的生活。一切都已来不及了，但一切还在另一个世界里继续实现，继续延续。如此想来，我仿佛也得到了宽慰。

人与人的缘分，人来世上走一遭的缘分，遇见与离开，都有定数，不必执念。执念伤人也伤己。少就是多，少意味着放弃，多意味着受重。没有哪一样是最幸福的状态。成长是，从此以后活在一种复杂里，活在对自己的认可中。

自然而然地温柔去爱

当你懂得爱的时候，就会发觉虽然人活着是孤独的，但爱一定是无比温柔的。真正的爱，自然而然地存在于我们身边。温柔地去爱一个人，是我此生最重要的功课。爱无法脱离生活和工作独自存在。学会爱，就是学会在生活和工作中，不仅能找到令自己舒服的方式，还能找到令对方感觉良好的姿态。

我是一个写作者，我先生是飞行员，我们的工作都非常繁忙。他经常出差，尤其是飞国外的时候，基本需要一周左右的时间，每次回来我都发觉他带着“异域”的气息，很特别。我了解他的生活，是通过他拍摄的照片和短视频了解的，我看他走过的路，看过的风景，他也会耐心地给我讲解自己的所见所闻，给我带各种美食……

在没有与我先生结婚之前，我曾一度陷入悲观，认为自己要孤独此生，每年都会祈祷：请派一个温柔的人来爱我吧。在北京工作时，我经常相亲，但即使遇见很喜欢的男生，也很难发展下去，因为我经常出差，乘坐飞机，等到落地开机，看到我喜欢的男生追问我："你怎么不回消息……我父母认为你是不顾家的女孩，所以抱歉，只能结束。"

夜晚，我一边仰着头流泪，一边打车去酒店。二十几岁的时候，我是工作狂，不知道如何让自己停下来，也不知道如何爱一个人。虽然我是文学讲师，会分享很多柔软的文字，但一旦与爱人沟通，我总会莫名强硬。

我在北京工作了十年，而后又在上海定居七年。期间，自己有过许多次转变，曾为了爱情换了一座城市，经历了种种选择，次次转折，但更重要的是我在精神层面的转折——在后来采访了许多知性女人后，我渐渐变得柔软且舒展起来。

帮梁永安老师做书，我看到很多人喜欢他分享的文学与爱情，年轻人真的需要有人来给他们讲讲爱情这件事，学会爱一个人，就学会了如何与世界相处、如何做好本职工作，道理都是相通的。

对于感情的态度，我一直认为宁缺毋滥。的确，现在确定一份感情，对一个女孩来说是很有挑战性的，结婚意味着生活方式的改变。

我先生成为我生命中重要的一部分，可能是缘分，但更多时候是基于现实相处的相安无事。我与他性格互补，我是情绪变化很快且非常感性的人，而他是很理性且情绪稳定的人。谢谢他，在我即将对爱情、对人生绝望的时刻，义无反顾地选择了和我在一起。虽然结婚后，由于彼此工作繁忙，我们真正相处的时间并不长，但生活一直眷顾我，眷顾这段感情。许多次，我都以为我们会分开，但我们依然奇迹般地在一起。

我在意林集团分享文学课，分享了那么多年，最喜欢分享的一本书就是《小王子》，作者安托万·德-圣埃克苏佩里的职业就是飞行员，冥冥之中，可能是他在感谢我的分享，特意安排了一个飞行员来陪伴我。

我不是传统意义上的好妻子，我并不贤惠持家，反而生活能力极差，即使有了懂事的儿子，我也很少照料他，还是把更多的时间用在了写作与工作上。我是很容易自我否定的人，许多事情还未开始、未发生，我就会先自我攻击，假设事情会往不好的方向发展。我虽然勇敢，但内心常有不安感，所以一直努力，朋友们都喊我“卷王之王”，是工作中的“战斗机”。

我也期待会有那么一天，我能真正停下来，去三亚或大理的小镇上生活、写作。我是一个彻头彻尾的理想主义者，很难依照现实的规矩来活，我先生恰好总能在规则里神奇地伸缩。结婚这些年，我们基本没有过争吵，仅有一次吵架我拉黑了他，不到半个小时，我发现自己收到了一笔稿费，无人可以报喜，于是又把他加了回来。

他问我，怎么突然之间想通了。

我说，因为你是我每次有了成绩，有了惊喜，都要夸张汇报的人。

年轻的时候我喜欢看韩剧，越虐心越好，而我现在更喜欢看温暖的，让人觉得内心很甜的电视剧，边看边代入我和我先生的感情，会很感慨，人生有许多种活法，许多种精彩，当你温柔地爱上一个人的时候，就会明白，没有他的参与，生命会有一个缺口。

真正的爱就是，我想让你活在我的未来里，我也期待活在你的余生中。余生，我们安安静静，平平稳稳地走下去吧。无论遇见风雨、风浪、风暴，我都期待你活得比我好一些，没有我陪伴的日子，你也可以温柔地去爱别人。

无论结婚还是单身，人还是与自己相处的时间更多。年龄的焦虑多半源自对自己的不可知和不肯定。我没有年龄焦虑，甚至在我很年轻时，我已显得很成熟。十几岁时，肥胖和自卑让我活得潦草，且容易看轻自己。现在，我整日投身于阅读与写作，忘记了时间，时间反而厚爱了我。

那天看到一个朋友写自己的未来规划，希望待她死亡后，有人追忆她时，会在本子上写下：这是一个伟大的人。

什么样的人才是伟大的？我想，一定是那个温柔地去爱的人。温柔的人，与人为善，情绪更稳定，愿意付出，也愿意妥协。期待每一个不敢继续爱的你，可以重拾勇气，继续走在寻爱的路上，偶遇一直在等你的爱人。他能理解你所有的倔强和所有的任性，接纳你所有的不堪，以及对生活的种种绝望。他能理解你对整个世界的理解，不论何时，只要你想起他，都会感到很温暖，灵魂与心都有所依，就已足够。

第五部分

不属于四季的四季

在人群里唱属于自己的歌

朋友平日里总是忽略自己，为他人着想。四十岁生病后，她突然变化很大。她的家人请求我多陪伴她，于是我开始陪她旅行。旅途中她一言不发，的确与往日有许多不同，但我又觉得这种不同是女人随着年岁增长该有的“刺”，即善良的锋芒。不管如何强调我们从年轻时就要生长出这种锋芒，但它的确需要年岁与智慧的灌溉。

我们来到西湖荡舟，她突然说，她不再渴望做一个委曲求全的老好人，而是终于鼓足勇气平等地对待了多年前碾压自己自尊的人，这种感觉不是自己在“黑化”，反而很快乐。

朋友在家里是长姐，在工作中也是善于自我牺牲的人。所有人都认为她吃亏是理所当然的事情，包括她自己。时间久了，她忘记了自己也是一朵鲜花。平日里有人忘记浇水，她习惯了；下雨时，她没有被及时收进房间，在黑暗中风雨飘摇了一晚，而第二天，只要有一缕晨光，她便能积极投入崭新的生活，忘记所有的疼痛。表面的伤口会愈合，可内心的伤口还在等待一个被治愈的时机。如果不被治愈，它就变成了“被忽视的委屈”，在一朝一夕中渐渐长大，直至破裂，里面的苦水应声流出，吓坏了所有人……

在生活中，不要独自吞下所有的委屈，认为自己能承受一切。照顾好自己的身体、精神，是一个人最基础、最重要的任务。自身圆满之后，我们才能不带负能量地照顾他人。不然，你的能量给出了多少，以后都会以另一种方式，诸如控制、发泄、期待、索取等变相收回更多。我们经常看到生活中的“老好人”突然性情大变，行为不可理喻，多半是失衡太久，在用另一种方式暗自发泄罢了。

《月亮与六便士》里的男主角查尔斯·斯特里克兰，是一个普通的男人。四十岁时，他为了学习绘画，突然离家出走。他头也不回地离开了伦敦，住在巴黎又破又老的公寓里，吃不上饭，差点生病死去，但他毫不后悔。妻子找到他，得知他并没有出轨，只是突然之间对自身的厌倦大过对琐碎生活的厌恶。绘画这个“情人”到底拥有什么魅力，让他抛妻弃子？妻子百思不得其解。

毛姆用这个故事告诉我们，生活的路从来不只一条，是去寻找内心的幸福，还是追求世俗意义上的成功，只看一个人怎样选择。查尔斯·斯特里克兰毅然选择了前者。许多人年轻时会选择后者，但人到中年，未必还会遵循之前的选择，这个时候面临人生考验的他们可能会忽视道德和责任的枷锁，在老去之前，开始第二个“青春”的阶段，去远方、去流浪，去寻找让自己最舒服的生活方式。

在大众眼中，这可能是出格的行为，但在我看来，这是回归，回归到人本我的一部分。不必苛责自己，中年以后，这个世界最需要宽容以待的其实是你自己。

年轻时，你要做的是努力优秀，在成长的赛道上细分再细分，做得比所有人都好，长时间沉浸于做事，获得喜悦感。年长时，要有自己的坚持和远见，永远不丢掉长期做自己的能力。

所以，在任何阶段，认真工作和学习的受益者都是我们自己，这样做会给自己强大的能量和信心。工作的模式都是相通的，长期认真工作的时间越久，人在各种角色中也更容易转换。有时，我们会委屈、抱怨，会有行动不顺从内心的情况，这多半是因为对自我的觉察不够清晰，或已经走向了转变的前奏。

怨不从口起，要从心落。在一年快要结束的时候，我才明白每个人每年都要去做一次游客的意义——为了让眼睛看到更多的内容。心在风景面前可以迟钝，但眼前一亮，心也会有不同的照见。我和朋友结束了这次旅程，她的心情松弛了许多，双眼中有了不同的色彩，整个人充满能量。能量是存在的，眼睛看不到，心却能感知到。

在人群中唱自己的歌并关照自己的人，眼中会发出一束光，神采飞扬，这种光会让人不同。所有的经历不只是为了成功，更是为了让自己成为一个眼中有光的人。

成长是自我周旋的过程

在夜晚我接到了一个学妹的电话，她向我哭诉了成长过程中遭遇的不公平。她正在走一条于她而言难以想象的艰难之路，晋升之路的性别忧患、结婚生子的压力、想继续求学却没有时间，生活在看似光鲜和充满各种可能性的当下，她却感觉自己在风雨中摇摇欲坠……

我劝慰她，难过可以，但不要对世界失望，不要只是盯着一个正在下雨的角落，就误以为全世界都在下雨。

挂掉电话以后，我寄给了她一本书，是山本文绪的《一切的一切，都交给时间吧》，我突然如释重负。这本书曾给我带来很大安慰，陪伴我走过很长的一段时光。山本文绪温柔的文笔像一幅水墨画，在阴天的氛围感中徐徐展开，让我看到孤独和自我的和谐相处，以及生活最温柔的一部分。

我不敢回忆独自在北京闯荡的时光，如果生活有两面，我只擅长记住美好的一面，也会刻意遗忘不好的一面。那些自我否定的部分，在我的世界里犹如落叶，腐烂且与泥土融为一体。这只是成长的局部，成长更多的部分就是带着痛感前行的过程，一路上都在自我周旋，不断肯定又否定自己。

我清楚地记得那是一个春天，植树节，我的生日。我在给自己的“成长信”中写下——你要非常强大，强大到有一日能原谅那些伤害你的人，而不是像现在这般，只能无力地坐在原地，怨恨一些人和一些事。

听书友徐伟分享，人活在世，有两种形态，一种是小白兔，另一种是大灰狼。如果你认为自己是小白兔，请学习并拥有努力奔跑的能力；如果你认为自己是大灰狼，请锻炼并拥有持续吞并他人的智慧。我不由自主地把自己代入了小白兔的角色，这些年自己日日锤炼写作技能，就是在锻炼奔跑的能力，手下的键盘因日日敲字而早已模糊到不能辨认按键上的字母。我在不知不觉间成了一个可以跑得很快很快的小白兔。

徐伟说，不管你跑得有多快，都会面临的一个现实是，这个世界中的大灰狼会逐渐增多，因为努力奔跑很累，而成为大灰狼会更自由，也更容易。

不管是成为小白兔还是大灰狼，这在本质上都不是我的本意。我想象中的世界是一座友善的森林公园，每个动物都在其间各司其职，且都有自己的跑道，不必与其他动物比较，只需友善处世，勤恳地攻克自己的专业，在自己专属的跑道上练出肌肉、取得成绩……我的想象终究是不成熟且不切实际的，而真实的人生，即使是森林公园，里面的跑道也是混乱的。你可以闯入他人的赛道，他人也会饥不择食地挤进你的赛道，这就是生活的“丛林法则”。

我处在这混乱的赛道上，得到和失去仿佛都不受自己控制，唯一能守护的是内心秩序的安宁与平整。生活并没有那么多选择，若在与自己周旋的跑道上，比昨天的自己跑得远、跑得好，已是万幸。

别失去感性的生命力

成为自由职业者后，在跟客户交流时，在群里听各位大咖老师分享时，或去线下听讲座时，包括看到同行们的一些宣传时，我都会听到类似的数据介绍——影响了几百万人，获得了几千万的数据，书加印到几百万册，十天写了一本书……听得多了，我会慢慢意识到，在网络传播时代，语言和数据是不可相信的。我们要分解焦虑与欲望，给自己留一些空白的心境，任由自己想象、探索、变得柔软。

数据固然可贵，但永远不要丢掉人身上感性的那部分力量。有人向我学习写作，他关心的第一件事是，三个月能不能写出一本书，半年内能不能上市。我看到他写的文字，顿时陷入沉默，因为他写的内容与目标相去甚远，我想到了一句话——速度的确有力量，但欲速则不达。当人群越来越理性时，生活就越来越无趣了。

这让我想到契科夫的小说《万卡》，九岁的男孩被送往鞋匠家里当学徒，他给爷爷写了一封信，讲述了自己被打的故事，强烈地表达了自己想回家的心情。那是所有读者都为之动容的时刻，可继续往下读却发现，万卡在信封上郑重地写下“寄给乡下的爷爷收”——他不知道怎么寄信，爷爷也注定收不到信件……

我为那个学员讲述了这个故事。写作不仅要故事好，而且要知道路径；不仅要有丰富的想象力，而且要有明确的落地。但现在的很多课程和许多分享，常常会以个体经验来宣讲，听众找不到路径，许多想法不过是空中楼阁。人们拿着可以对比的结果，与现实中自己的困境反复对比，日益焦虑，终究无路。

我看过一个故事—— 一个出版社的老师说他的父亲得了健忘症，某次手术后，健忘症更严重了，父亲会每天问他一遍："工作辛苦吗？养两个儿子压力应该很大吧？"

这位老师回答说："不辛苦，这个月我拿了十万元奖金，下个月还有十万元奖金，年底还有二十万元奖金，别担心我，我已经赚到了养十个儿子的钱。"

父亲听完，先是骄傲，然后又很踏实："那我就放心了，我很开心。"

其实这个奖金的故事是老师编织的"善意的谎言"。哪有什么奖金，他现在已经从出版社离职，正在努力创业，资金缺口很大，压力也很大。但已经习惯报喜不报忧的他，每次分享关于"奖金"的美梦时，都是快乐的。这一刻是快乐的就好，他想。

在生活中，人们理性思考太多，已经丢掉了太多感性的生命力，不自觉地就会启动计算模式，身体也会做出相应的反应，立刻化身为“大型计算器”，为自己计算人生的“最优路线”。仿佛只有如此计算，才能得出最优的生活路线。

二十几岁时，我相信算法能决定一切，相信数字的力量，迷恋看各种市场报告，相信一万小时定律。

现在，我更愿意随性而为，这样会有不同的生命体验。我尊重专业，尊重现实生活中那些善意且更感性的人，他们在走一条更艰难的路，不会更快捷地融入条条框框里，不容易被束缚和捆绑，他们活得更自我，也更容易遭受打击。在寻找“我是谁”的过程中，他们势必要比其他人更早地多问几遍类似“我是谁”的问题。感觉到生活有阻力，这其实是在提醒我们，要把注意力放在正确的位置上，一旦拥有合适的角度和合适的着力点，阻力就会成为动力。

我即将步入不惑之年，金钱、名利对我的诱惑力逐渐减弱，虽然我并不是当红的写作者，也没有成为成功的写作教练，但我真的因写作获得了前所未有的自由。没有那么多人关注，才可以尝试更多的可能性；没有那么多人跟随，承诺的负重感也会减少许多。

现在最吸引我的，莫过于简单的人或事——我刻意逃避了过于复杂的人际关系，刻意躲开了名利场的种种诱惑。我躲在自己想象的世界里，那里有一座读书的花园，我随意抽出一本书，从不标记读到哪里了，因为不管何时读这本书，这位作家以及他的书都在等我。读书让我获得了安全感，写作让我带着梦想与信念一直前行在冒险的路上，我还算幸运，勇敢做自己，也获得了回报。

在一天接着一天的生活中，最不容易被概括的，是日常的文学时刻。精华的瞬间，不仅仅属于冰冷的文字，残酷的现实也要拿出来一分或几分献给文学，献给想象力，献给纯净的内心。

木心说，我们这一生面临着有两种贫困，一种是知识的贫困，一种是品性的贫困。知识的丰富可以伪装，但会破败，而品性的贫困无法伪装，它只属于心思纯净的人。

前方有座山丘，视野又开阔了几分

每当前路遇到阻碍，无法穿越时，我就会再读一遍埃莱娜·费兰特的《碎片》，读那段自己很喜欢的文字：写作就像一个很漫长、让人疲惫，但又充满乐趣的诱惑。你讲述的故事，采用的词汇，你想赋予生命的人物，这只是一些工具，让你去营造一个难以名状、易逝、没有形状，只属于你的东西，但这是一把能打开很多道门的钥匙，这是你人生一大部分时间都坐在桌前敲击键盘，写满一页页纸的真正原因。

我深深明白一件事：身边那些我所羡慕的人，即使我每晚不睡觉地疯狂写作，也比不上他们的天赋或在写作这个领域里的积累，他们比我更努力、对自己要求更严格，他们就是一座座我只能仰望的高山。不管我多么努力都无法超越他们，一旦这么想，我又会陷入自我怀疑，怀疑自己的写作能力。

在写作的路上，我羡慕过太多人，也倾慕过太多人，但事情总有意想不到的反转和出乎意料的结局。那些我羡慕的写作者，要么突然封笔不再写，要么因生活琐事而抑郁或感情失和，经历各种变化和变故。我从羡慕他们到心疼他们，又突然明白，自己最应该羡慕的是这样的人——他们在一个行业里清晰地知道自己要什么，取得了相应的成绩，并已准备好随时离开，他们擅长解决问题，沉稳低调，思路清晰，步伐缓慢。不管哪一种选择所带来的后果，他们都可以承担。

成为自由职业者后，我开始试着直播和拍视频，直播我可以自己搞定，但拍视频需要搭档。我和锡总一起拍视频，我住在上海的最西边，他住在上海的最东边，我们每次见面要跨城，花两小时才能相见。其实每次我俩气喘吁吁地见面，就耗尽了所有力气，接下来的视频拍摄倒成了简单易行的事。

于是我学着拍摄、剪辑，在学习的过程中，我常常会被一件事情困住，久久找不到方法破解，这时，我会坐下来等待锡总来帮我。我们并不是每天都可以见面，我坐在书桌前，等了又等，等到耐心殆尽，等到桂花香散去，只好自己亲自动手试一试。结果，我发现原本只需要十几分钟就可以完成的事情，我居然在等待这件事上，耗费了一天的时间。

我是一个擅长求助的人，但求助不会增长智慧，也不会令人有成就感。我正在慢慢转变，从擅长求助逐渐成为一个擅长解决问题的人。

求助时，眼前只有困境；解决时，心里开始生出智慧。

用心不用心，生活看得见，自己看得见，他人看得见。

一位我特别喜欢的心理学老师说，人要学会转变，第一要素是学会求助身边的人，在交流的过程中，会找到许多解决问题的方法。遇到问题时，首先要自己想一想解决问题的办法，这件事可能才真正有解决的出路。

从前的自己，想问题很浅很浅，没有深度的链接，也没有深度的思考，我的生活也注定是零碎的、不完整的。如果把所有的时间、生活、梦想、目标连成一个整体来看，所谓的困境、失业、挫败、窘境，不过是整体中的一部分。

我对出版社的编辑老师说：“近日我压力特别大，眼前困境重重。”她却说：“那我要恭喜你，又要进步了，抓住这个时候的焦虑，突破一把，再上一层楼。”

于是，我仿佛拿到了胜利的盾牌，飞快且愉悦地往前跑去。有时，只需要他人的一句话，你就好像拥有了用之不竭的力量。

不知不觉，我已经走过了充满憧憬的人生阶段，越往后走，失望越多，有时是对别人失望，更多的时候是对自己失望。对于现实生活中的许多事情，我仿佛失去了发表观点的能力，甚至没有了争辩的能力。为此，我常常看一些辩论的节目，来增加自己的尖锐感，让自己看上去不那么平和。

除了执着于写作、读书，我是很容易被说服的，有时是被别人，有时是被自己，有时是被一朵云、一阵风、一次悲伤。尽量满足他人吧，不要严肃地对待别人，也包括自己。有时候要像爱别人一样爱自己，或者像爱自己一样爱别人。

要做内心沉稳且有力的人，他们可以轻视一切，也可以珍视拥有，他们仿佛永远有另一条路可以走。如果没有，他们也深深相信，跨过眼前的山丘，未来会明亮几分，视野也会开阔几分。

我们一直活在巨大的变化中

已离开前公司快两年，我突然被小伙伴们告知前公司裁员的消息。原本近百人的公司，被裁得只剩下几个人。我和几个前同事感情很好，许多人都是一毕业就在这家公司工作，已经待了很多年。大家纷纷找我诉说情绪，或是让我给予建议。

许多人都说，感觉自己的青春结束了，裁员的消息有些突然，自己还没有完全接受公司的安排。结束工作后，他们依然靠着惯性来生活，早晨反而起得更早，晚上则因为压力，有些失眠。

其实，人一直活在巨大的变化中。每天日升日落，天亮天暗，人情冷暖，生老病死，一切都在一直变化。生命中的许多改变，都是毫无征兆的，不会提前打招呼，也没有预演。许多梦想和关于未来的构想，就像烟火一样，一开始绽放得那么璀璨，而后总会渐渐平淡、熄灭。然后，出现新的烟火，再次被点燃、绽放、平静、熄灭。

其实听到前公司裁员、几乎解散的消息，我也有些心情低落。虽离开一年多，但也仿佛是昨日，转眼之间，公司就要面临生死抉择，员工不仅仅是公司的财产，更是公司赖以存活的能量，创始人做出这样的决策，也是无奈之举。

他们对我说，你真该庆幸自己去年就离开了，不用再经受这样的挫败与打击。明明是公司经营不善，为何要员工跟着一起接受惩罚？从此，他们人生的履历多了一次记录与否定，那就是被裁员。

在与他们交谈的过程中，我深刻地感受到了大家的低沉。他们还那么年轻，却被一次挫败打击成这样，未免可惜。同时，我发现他们对“裁员”这两个字比较排斥，仿佛有一种被否定的感觉，他们感到自己不再被需要，也没有那么重要了。

我却有不同的想法。无论是被动地不幸被裁员，还是主动地换工作，都是生活本身的一些改变。我们一直活在或剧烈或缓慢的变化中，改变未必是一件坏事。改变本身的价值，是让你开始认识到自己的另一面，去重新获得能量，适应当下生活的状态。

每次离职，我都是“裸辞”，给自己一段空白的时间，去旅行，去放空，去规划。我也算幸运，最后磕磕绊绊地总能找到适合自己的工作。

去年我从之前的公司离开后，并没有所谓的“下家”或准备充分地去创业。第二天，我就坐火车去了远方，我有很长一段时间在路上旅行和写稿。感谢那段时间，让我看到了沙漠、疲惫的旅人、在街头卖故事赚车票的女孩……这些都给我留下了极深的印象，也被我写在了新书中。这些故事与经历，才是我最大的收获。

篝火被点燃，大家跳起舞来，我却无法迈开舞步，就在那一刻，我突然明白，同行的人，岁数要比我小许多。看着同样的风景和同样的夜色，我很羡慕他们身上的松弛感。

毫无疑问，随着年龄的增长，试错的成本会不断增加。

一岁年纪一岁心。二十多岁、三十多岁、四十多岁，在每个不同的年龄阶段去做同一件事，都会有不同的收获。但有些事情，越早开始、越早投入越好。所以，我一直在想，真的不是“成名要趁早”，而是尝试自己想做的事情要趁早。

如果再让我重新回到二十几岁，把我放在北京的街头，给我再来一次的机会，我会毫不犹豫地多去尝试、实践、选择、比较、发现。多去不同的地方旅行，与人交谈，然后去认识自己、肯定自己。很多时候，我们对自己的认识和评价都带着一定的主观性，并不那么准确，但不断地走向人群，与其他人、与工作的方方面面去碰撞，好像更能看清楚自己是谁。

我们需要这样的时刻—— 一次次把自己放入人潮之中，放入崭新的生活和工作状态中，放入空无一人的孤寂中，甚至绝望中，才可以发现自己真正的能量，以及想做的事情。生活需要这样的融入感，我们慢慢会发现，恰是这些挫败的、被否定的时刻，给了我们重生的机会。

善意终会被另一种善意厚爱

凌晨，我在熬夜写作，突然接到许久不联络的朋友月月打来的电话。她诉说自己在爱情中的痛苦与不解，问我，真爱是什么样的？我一时想象力卡顿，转而告诉她，真爱有一种格外包容的力量，会激发你内在的力量，让你做什么都很有勇气。如果你的感受相反，这样的“爱情”就是一种消耗，让你无奈、无力且困顿。她吐了口气：“那我的爱要结束了。”

我转而想到下午朋友阳与我的对话：“我爸爸说，你的女性朋友那么多，就不能给我介绍一个女孩吗？”

此时此刻，我的心中突然冒出了一个大胆的想法——阳跟月月不是很合适吗？他们都是善良稳重且愿意尊重他人的人，也彼此认识，应该能更快走到一起。

当时的情形特别像偶像剧里的情节，我立刻打电话问了他们彼此的想法，而后建了一个聊天群。他们后来决定要在一起，并制订了旅行计划，去了张掖和敦煌……夏日最热的时节，我把他们正式地撮合在了一起。秋天，国庆节的第二天，他们订婚了。阳的父母和他坐着高铁前往女孩月月的家乡。

看着聊天软件里他打下的那行字：“我们订婚了，感觉像是一场梦。”

我也开心到落泪。果然，年纪越大，越喜欢听花好月圆的故事，不喜欢遗憾或悲伤的情绪。人生就像白色的画板，想要什么样的生活，就去画出来，去实现它。在做事的过程中，人会变得沉静，显得格外不同。

看到两个人因为我的牵线，彼此的生命有了一生一世的牵连，我内心也很受触动。我们只是普通朋友，但是因为我的这次牵线，加强了彼此的连接，也让我们有了更深层次的信任。我也因他们的幸福而感到更深层的幸福。

年长之后，我不再只看到自己的幸福才会感觉幸福，而是觉得所有人的幸福仿佛都与我有关，这种转变让我始料未及。要知道，从前的我对他人漠不关心，仿佛所有事情都可以与自己无关。读大学时，我喜欢坐在自习室或咖啡馆的角落，静静地阅读太宰治的《人间失格》，迷恋他对着雨天慵懒地说：“生而为人，我很抱歉。”因此，我把电影《被嫌弃的松子的一生》看了一遍又一遍，一边感叹松子的命途多舛，一边又特别钟爱这样的悲剧。我也很迷恋太宰治这颗文学世界里的流星，年轻时，我就喜欢他这样的忧郁，喜欢颓废的美、复古的美、破碎的美和不圆满的结果。没有遗憾就不唯美，没有忧郁的绽放就不够绚烂，这已成为我独特的艺术审美视角。

年轻时的自己那么固执地喜欢忧郁，也习惯性地忧郁，且不要求事事有结果。年长以后，我又那么偏爱大团圆的故事，偏执地期待看到故事和生活的更多可能性。

我看到一个视频，是复旦大学哲学学院教授王德峰老师的一个学生说，自己有些孤独。

王德峰回答，你恋爱了吗？不恋爱就不会孤独，顶多会孤单、寂寞。孤单是父母要去工作，把你锁在屋子里，无人玩耍。孤独是爱一个人时要忍受的必要折磨。

人是在和其他人与事物的连接之中变得更敏感、更善思的，有些感受是经历带给我们的独特体验，有些感受是爱与恨这种强烈的情绪带给我们的错觉。看世界的角度越来越广阔，人也变得越来越松弛，越来越能理解他人，直到这个世界无人可以理解自己。

我亲爱的朋友，你不必急着定义自己，甚至不必认真地探究所有的真相。生活的多面性、真实的丰富性，远超过我们的想象与实际能抵达的空间。直至今日我才深切明白，活得好的最高境界是难得糊涂，干得好的最大能量源自难得认真。

我唯一能做的，是默默祈祷：在这个世界上，若不能事事花好月圆，那么请相爱的人终成眷属，所有的爱与梦想都有归宿，每一份善意的念头与举动都可以被人理解和接纳。善良的人，终会遇见善良，被另一种善良宽待与厚爱。

游回大海中

两年前的秋天，我接到一个书友的电话时，正坐在火车上带着父亲去云南看病。书友说自己很焦虑，怀疑自己得了抑郁症，她找到我是因为自己的孩子不想再读书，找不到读书的价值和意义，现在已经休学在家了，希望我可以帮到他们。我拿出随身携带的笔，给男孩写了一封很长的信。待火车到达云南后，我把信匆匆寄给了男孩，因后来特别繁忙，我就没有关注后续的事情。

直到今年秋天，银杏叶飘落时，我突然收到一个人发来的微博私信，是那个男孩来感谢我了："感谢你的那封信，曾帮助到我。我已经上大学了，希望你也能照顾好自己。我一直记得你说的那句话，'你要特别努力，强大到有一种游回大海之中的能量，内心便会变得辽阔'。"

原来那是男孩第一次收到手写信，所以很惊喜、很感动，第一次真正感到被理解与被爱。可能人就是如此吧，不管身边的亲人如何爱自己，都不会有太多惊喜，但是陌生人的一句温暖的话或一个简单的举动，都会让自己感动良久。男孩最后说，"你不要焦虑，焦虑太多，白发也会长得很快。"

那一刻，我莫名被暖到。人到中年，看似已身披铠甲刀枪不入，无敌可破，但软肋就是不能有人，尤其是不熟悉的人莫名对自己好，总会令自己瞬间破防。

爱出者爱返，福往者福来。善意如暖流，善意更是能量，会汇集成新的爱，重新流到我们身边。

那是一个深秋的夜晚，只是一场秋雨，就能令人感觉万物肃静，只是一扇小店的门，打开后就能进入温暖的空间。上海，这座容易令人感到不安的精致城市，其内核与我这种北方小镇的热情女孩格格不入，但我已经学会了融入它、喜欢它、成为它的一部分。

生活正在变得千篇一律，虽然上海的各色店面越来越多，但只要走进去就会发现，所有的东西都在趋于一致，像是换了不同贝壳的白色珍珠，圆滑到没有特色。

想起男孩给我的回信和问我的问题：你过上梦想中的生活了吗?

这个问题我真的难以回答。我的梦想生活，更像是满载欲望的商品，沉甸甸的，特别像幻觉，靠近并实现它的过程，愈发不真实，但青春已过，没有回头路。更何况，走另一条路，回到我长大的小镇，我的内心应该会更不甘。我在一生的旅程中，要做的事情，是抚平内心的褶皱，风过雨过，心要平静，也要富足。

所谓的游回大海之中，是我对生活的一种梦幻般的期待。我采访了许多人，渐渐发觉，人的灵魂有不同的特质，这些特质决定了我们的来处——每个人都是不同的，有人来自大海，有人来自森林，有人来自草原，有人来自天空……终其一生，我们可能就是为了辨别自己来自哪里，去做净化灵魂的事情，然后再沉落到归途之中。

心要无限大，要假设自己的生命有无限的可能性，无论好的坏的，都有去走一趟的冲动与热情。

老去以后，我们会有许多时间发呆和回望。最近与一个朋友通话，她说自己去采访了几个住在养老院的老人。

我也特意来到宁波的一家养老院，看望那些老人。他们日复一日地过着重复的生活，渐渐地，他们会忘记四季的存在，忘记每天要做的事情，忘记自己和亲人的名字，忘记爱穿的衣服与颜色，忘记照片上曾经亲密无间的人。从衰老到死亡之间有一段路，这段路才是最痛苦的，人们慢慢埋葬自己生活过的痕迹，谁都不可避免地要走这一遭。

我们都会老去，虽然方式不同，但都会有一个必经的阶段，那就是开始遗忘，而且是不可控地忘记。趁着还没有遗忘，用尽全力去生活吧，人在时间之中游走，一旦主动权丧失，就会被时间控制。时间永远公平，但对主动的人格外友善。

我也被冷暴力伤害过

读者在微博给我留言，说考试失利很伤心，我立刻回复了他：短暂的失败不能代表漫长的人生。他觉得很意外，说自己今天给好几个喜欢的作者留了言，我是唯一回复的人。

这样的经历我也有过，当时我还在备考北京电影学院文学系的研究生，那个冬天，我在特别迷茫的时候，也会给微博上的博主们发私信问问题，但从未得到过回答或关注，即使有回答，也是机器人的标准答复。

我曾想过，若有一日，有人来求助于我，我不要冰冷如那年冬日的石块，我要试着用生命里的暖意暖透它，用双手把它递给前来取暖的人。后来，在写作的路上，我遇到过无数或迷失或痛苦的人，因生命际遇的不同，他们有着种种问题，或难以回答，或无法解决，我都会试着以自己的方式来理解与宽慰他们。

生活格外厚爱我，每次我的认真回复都会得到求助者的用心回应，隔着屏幕都能感受到温暖的感谢与拥抱。我乐此不疲地做这件事，这种看到他人幸福，自己也会很快乐的感觉，其实是另一种无与伦比的幸福感。今年我的这种感受更深刻。

收到书友问我的问题：有没有被他人冷暴力过？答案是肯定的。

我曾有过一段短暂的工作经历，虽然自己取得了一些成绩，但当时的同事都是名校毕业生，都有名校情怀，所以他们衡量一个人能力的标准很单一，就是看对方是不是名校毕业生。我现在特别痛恨当时的自己，把姿态放得太低，几乎把自己放在了服务者的位置上。记得当时有一个项目一直由我推进，但最后功劳还是被别人拿走了……许多事情是我无能为力的，我也不善于争抢。

但那种自己的成果被剥夺的感觉真的让我很悲伤，在很长一段时间里，我因此失眠、愤恨、委屈，但白日里依然会讨好同事。当时的自己是多么懦弱啊，低头讨好别人，把所有时间都拿来做好一件完美的工艺品，却看着他们把它拿走，冠上了他们的名字。那种感觉像极了你把辛苦完成的小说拱手让给了不相干的人，那种感觉令人破碎。

当时我的新书也上市了，编辑希望我好好宣传新书，我并没有如约进行宣传，因为我还在集中精力“服务”那些冷漠对待我的人。我深刻地认识到，自己的弱点，是想让所有人都满意。

直到好友出差前来找我，看我忙如陀螺，见面不到十分钟就要离开，于是她跟着我去工作，想看看我在忙什么，为什么忙得如此急切和焦虑。看到我小心翼翼的样子时，好友立刻把我拉到了阳台，告诉我，我的做法是错的。感谢她告诉我“丢掉工作，也不要丢掉尊严；丢掉一切，也不要服从冷漠”。毕竟那个时候我并不认可自己，自卑感充斥于胸间，也否定了自己的情怀。

那份工作我做满给自己限定的三年时间后，选择了辞职，我开始投入自己的新书推广工作，每天直播连麦各种作者和媒体。其实新书已经过了最佳宣传期，但倔强如我，还是按照自己的期待继续直播。

直到半年后，看到新书排名——某知名音频平台有声书排行第一名、某购书网站热卖榜第四名——这个成绩触动了我，苦劳即功劳。没有什么是不可能的。在漫长的人生路上，在最不被人看好的时候，要有耐心，要看好自己的付出，要坚定不移地相信自己的能量。

我越来越相信人身上不仅有看得见的能量，也有看不见的能量，看不见的能量像是被封印在身体的某个部位，我们很难看到它的流动。去发现它、触动它、启动它，是每个人的毕生使命。

冷暴力是一种极其失败的沟通方式，一味地忍让会让自己陷入更糟糕的境地。无论是在爱情中还是在工作中，那些一开始不尊重你的人，到了最后依然不会看到你的闪光点。即使他们看到了，也不会认可你。抱歉，在他们最初的印象与判断中，你就不是最佳人选。一个人承认自己错了，需要极大的勇气和自知之明。勇气是稀缺资源，而自知之明属于慧者。一个有勇气的慧者，不会妄自菲薄，也不会厚此薄彼。

幸福是一个综合值

去贵阳开分享会时，有个年轻的女孩问我，结婚一定要买房吗？问我问题的女孩长得很漂亮，但神情有点忧郁，她可能在为一段爱的落脚点而焦虑和选择。

年轻时，做选择题真的好难，不像读书时每一道题都会有标准答案，向左走或向右走，都难免有落差。世事古难全，但人们天真地渴望事事圆满。

因为有了更多时间去分享、去遇见，有了更多机会跟年轻人见面，我发觉自己的世界和年轻人的世界有了不同程度的互相渗透。每次出差，我都会感慨，大多数人其实一直生活在困境里。多年过去，困境并无改变，人可能苍老了许多，但智慧未必增加。我最担心的一件事，莫过于我拥有许多能量，让我去挑战许多事，而我匆匆地来，又匆匆地走，最后居然一事无成，没有做好任何一件事。

结婚要不要买房？其实没有正确答案，要看自己的内心所向。至于我自己，结婚的条件，从不看对方是否有房，只看是否喜欢，只看自己和对方的未来能够重叠的部分有多少。我是感情至上的人，感性决定了我百分之九十的行动。所以，我的选择和标准不能成为他人的判断依据。

但我想，幸福是一个综合值，选择结婚也是一个综合值，房子只是其中一个因素，不是唯一的决定因素。采访张小涛老师时，他说过这样一段话："年轻时太过贫穷，以为往后的日子得到一切都太过艰难，五十岁时幸运地拥有了一切，才发觉真诚最可贵，开始后悔年轻时没有珍惜爱，没有认真留住感情。"

我迷恋山下英子的《断舍离》一书中的生活方式，也认真了解过租房的好处，但每次搬家，很多书不知归处，真的很可惜，只能被丢掉。为了给书一个家，我决定买房。虽然我不要求对方有房，但我自己对买房这件事一直有执念，认为它是自己无法断舍离的任务。

为了给自己压力，我在两年前的1月1日定下了一套我很满意的房子，那一天的开心程度堪比结婚。直到两年后，今年的秋天，我如愿搬到了自己的新房里，看着镜子中我头顶的白发，我想，生活给了我许多考验和磨难，让我失去了那么多，但它满足了我一个愿望——让我拥有了属于自己的房子。不仅如此，我还参与了房子软装的设计，我终于拥有了理想中的家居图书馆的背景墙、可以写作的大书桌、可以坐在阳台上画画的原木座椅……

搬家时，我没有找搬家公司，而是和我先生两个人一边收拾一边搬家。邻居们劝我们节约时间，但我们想的是，正好趁这个机会看看自己有多少东西，并熟悉新家。我们拿了几个布袋子，开始了搬家的过程。一趟装满四五个袋子，就这样来回搬了一个月，每次搬东西都小心翼翼，细数许久，终于搬完了。可能是自己付出了太多，从家具到螺丝钉，我都珍爱无比。每次开门我都会很小心，遇见关门声音大的邻居，都会替他们心疼门。

在搬到属于自己的家之前，我在北京搬过七次家，在上海搬过五次，如此算来，一共搬过十二次家，丢过数也数不清的东西。搬走的东西不一定是最珍贵的，但一定是可以被轻易带走的。久而久之，我的生活哲学变成了“尽量不要买搬家带不走的东西”，所以，为新家购买家具时我迟迟未能下定决心，此时才发现自己缺乏稳定生活的技能。

搬进新家住的第一天，我先生出差，我一夜未眠，一直在播放民谣歌手凯伦·安的《Seventeen》（17）和《Not Going Anywhere》（哪儿也不去）。从 17 岁开始，她的旋律陪伴着我走过一个人从山东到北京再到成都的求学过程。在成长的过程中，总是需要这样的精神陪伴，在我的孤独深处，在只属于我的黑夜里，在云端，总有音乐不断响起来。

不管经历了多么辛苦的人生阶段，我从未放弃过浪漫的行动，即使住在不太大的出租房里结婚生子，我依然会为自己定期买鲜花，买不实用但能取悦内心的美物。让当下的自己不丧失对美的追求和感受，是我更喜欢的生活方式。

我可以小心翼翼地活着，但做不到精打细算地规划生活，更多时刻，我都是随遇而安地往前走。我并不是标准意义上的好妻子，也绝非世俗意义上的成功者，甚至经常处于神游的状态，导致身边的人与我交流时难免费神，但我愿意真诚地对待身边的人与物，这也是他们喜欢我的缘由。

绝对的真诚会让自己无坚不摧。虽然注定无法成为完美的人，但一个人能真实、真诚地面对一切，就可以活成一个了不起的人。把时间分给睡眠，分给阅读，分给运气，分给花鸟树木和山川湖泊，分给你对这个世界的热爱，人会没有那么焦虑，自然也会得到令人自在舒展的答案。

爱一直是很重要的存在

有一个优秀且特别的读者，她发给过我一个在某平台有颇高讨论度的话题——结婚后，相爱不再重要。很多人认为，日常且琐碎的生活，会磨平一切棱角，包括生活的情趣，人也会日益麻木。我看到下面的讨论很多，其中悲观的言论居多，乐观的很少。

她问我，作为已婚已育的女性，怎样看待这个现象。

我想来想去，觉得每个人的生活皆不相同，爱也不相同，很难用同一个标准或答案来概括。生命的可贵在于它的多样性，人最大的成长，在于尊重自然、人性和生活的多样性。但不管外在的世界如何变幻，爱一直在。我们有时看不到爱，是因为它在各个阶段有不同的表现方式。

岁月之所以特别珍贵，是因为它除了给予我们独特的经历，还给予了我们智慧。往前走一步，智慧还停留在昨日，是一定会痛苦的，因为你承受不住当下的阻力与考验。许多成长是内在的，是隐藏在灵魂深处的，爱一定是人与人之间最珍贵的纽带，更多的成就和体验，其实都源自爱。在我心中，爱是一种流动的能量。

无论处于生命的哪个阶段，没有爱的滋养，人都会很快枯萎。人不要局限地只看男女关系的爱，爱的范围很广泛，友情的爱、读书滋养人心的爱、帮助陌生人的博爱，等等。

把爱看得辽阔，人的世界就会宽广，就不会只盯着一个结果来衡量人生的得失，比如有没有结婚、有没有生孩子。

我也曾恐婚恐育。二十几岁的时候，我四处出差，根本没有时间去认识男生。我看到机场那些带着年幼孩子的年轻母亲，她们疲惫且眼神涣散，我的内心便会生出一种无力感。

记得有一次搭乘飞机，我看到隔壁座位的妈妈抱着熟睡的孩子，一直在流泪。我递给她纸巾，她哭得更厉害了。那流泪的模样吓到了我。

我便发誓，要求自己宁愿一生不婚，也不要如此狼狈。但机缘巧合，我还是成了妈妈。成为妈妈后，我曾崩溃过无数次，但我从未后悔过。很感谢生活给予了我拥有孩子的这种生命体验，正是他的存在，开启了我三岁前的记忆，让我的生命变得更为完整。我才明白，在我三岁前，我的父母是多么辛苦，而三岁前的我是这么可爱。如果没有他，我有一段记忆注定是空白的。

我先生经常出差，我也因为要讲课以及做线下分享经常出差。两个人都在家的机会相对较少。因此，我们见面的机会也少。在最忙碌的时候，我们曾两个月无法见面，只能用视频和社交软件来联络。

朋友们经常问我：你会有危机感吗？怎样给感情保鲜？两个人不见面，会不会有不安感？……

每次听到这样的问题，我都会问问自己，会不会有不安感。或者，是不是一直都有，而我没有关注到？因为不管是恋爱时，还是结婚后，我一直都把更多的注意力放在了自我成长上。关于不安感，我的内心一直存在，从未因为自己得到了什么东西而稍感轻松。我习惯这种不安感，它陪伴着我，帮助我一直精益求精。我一直坚信，没有什么东西是特别确定的，事物或情感一旦绝对化，就意味着脆弱，很容易破碎。

一旦结婚，人就会开始以家庭为单位，去做决定、去做选择。在负重前行的路上，我们开始有了责任感，责任感意味着不仅要学会付出，而且要学会保护身边的人，并且心甘情愿地付出自己的时间和精力。所以，责任感会一直和自我打架。但我也一直认为，结婚后的人，只有妥当安排好自己的工作和生活，先让自己满足、过得愉悦，才能更自在、从容地与对方相处。

任何情侣或夫妻的相处方式皆不相同。所以，我并不赞同一发生矛盾，就去找他人解决，或看一些讲亲密关系的书来寻找答案。真正对自己有帮助的方式，其实在每个人心里，而重要的是，能不能真正地化解情绪，用心支配行动。

我和我先生最初相识、恋爱的时候，也是分隔两地，我们好像已经习惯了各自在自己的空间努力，等到忙碌完，夜幕降临时，再开始视频交流，然后互道晚安。当然，这不是程序化的必经之路，反而是一种习惯和依赖。所以，我很喜欢黄昏，它意味着一天的结束，也意味着不管经历了怎样的事情，我都可以和我先生交流。

我很感性，而他很理性。我的情绪很容易起伏，遇事会闷在心里，不会向他人倾诉，但会立刻转述给他，期待他的判断。他情绪稳定，像海边的灯塔，耸立在风雨中，不会觉得痛或委屈。所以，每次我先生都能从客观的角度帮我分析所有的事情，帮我转危为安。

我先生喜欢听我讲故事，我会把看过的书或电影，以及我对一些人或事物的看法讲给他听。他也是我新书的第一个读者。他每次都会给我提许多建议，这些建议有时会刺痛我，有时会安慰我，而我都坦然接受。写作的人，需要被提醒，哪怕是被刺痛，也不要一直沉迷在自己的小世界里。进步的过程，既需要安慰和鼓励，也需要痛和醒着。

感情是有通道的，但通道是迂回的，有时需要交流，有时需要争吵，有时需要个人的情绪表达。人和人之间产生矛盾，多半是表达方式出了问题。本来应该通过交流来解决问题，人们反而选择了愤怒和争吵，以为这样表达更简单、直接、自我。但这样的表达结束后，人又难免后悔，因为我们发现矛盾的根源还在，还是要放低姿态去交流，才能彻底解决问题。

我来上海后，很多朋友会赞叹“你好有勇气，居然为了爱情放弃了北京的一切，我是做不到的”。每次我都会纠正这种说法。准确地说，我是为了自己的情感和更美好的未来，而选择来到所爱的人身边。但当时的我们并没有完全确定未来的人生伴侣一定是对方。

我是在结婚当天才确定，我先生是那个可以陪伴我走一辈子的人。因为在婚礼的每一个细节上他都会尊重我的感受。我穿着白色的婚纱，他要背着我走很远的路，累得喘不上气，在路上他可以放下我，但一旁有人说了一句“你不能放下她，要背着她上楼，才可以走一辈子”。

这本是一句玩笑话，但我先生当真了，真的把我背到了楼上。他放下我的那一刻，大家都在为他鼓掌。他也开心地说，这样就可以在一起一辈子了。

人和人之间感情的培养和积累，需要一个个这样温暖的瞬间。这样的积累，我们给了它一个好听的名字，叫婚后的情感保鲜，或维持爱情的方式。

/ 后记 /

我愿一次次启程出发

写完了这本书，在 2024 年 1 月 1 日的凌晨交稿时，我已经被彻底治愈了。整整一年间，太多问题、太多疑问、太多不确定，不时地在我耳边响起，而答案只能靠自己去书写。我一边痛苦地挣扎，一边写下自己的所遇、所知，这对我来说是莫大的挑战。人到中年，最大的收获是不再惧怕，不再像年轻时那么容易恐慌，哪怕再次跌倒，也会有再来一次的勇气。

一路走来，我时常怀疑自己、否定自己，甚至折磨自己，同时，我又在种种鼓励和帮助下，恢复自信，日渐开朗。从工作十五年后丢掉了工作，到现在创业有了起色，这短短的充满变化的一年，或许是至暗时刻的“深潜时光”……看到今年的成绩单，我心里既感动又喜悦，才发现你觉得自己做得不够好，是因为你对自己有更高的期待与要求，你要去挑战。

所以，“去完成自己认为完不成的事情”，从今年开始成了我的人生信条，这不是励志的成长故事，而是突破自己的一种方式，一种让自己心安的方式。

完成比完美更重要，因为完美几乎不存在。完成就是最好的结果。好多次，我都在几乎要放弃自己的时候，又在黑暗中看到微弱的一束光，为我开启新的一程。我走近看，才发现，这束光源自我内心的期待。只要人心里还对周围的人与物怀有期待，结果就不会太差。

在过去一年里，我把自己想象成一颗种子，重新把自己种了一遍。我要让自己这颗种子，去经历播种、开花、结果的过程，这个看似水到渠成的过程，却需要消耗太多等待，面对太多不确定性。我煎熬过、痛苦过，有过无奈与彷徨，可我没有惧怕过、退缩过。我并不是勇敢的人，但我是坚韧的人，可以一直坚持，且永怀耐心。

我想用三个关键词来概括这一年，那就是变化、尝试、享受。

我学会了接受变化，也收获了种种新生。感谢自己选择了做自由职业者，让这一年的生活中涌动着许多变化，我遇见了很特别的朋友，一起做着全新的项目。一个人冒冒失失地去走独木桥，面对全新的尝试，我没有退缩，在做事的过程中，被激起的热情、超预期的结果，于我而言，是幸运，也是嘉奖。

我学会了及时尝试，也得到了更多人的认可。我的记忆力时好时坏，记住了好的瞬间，遗忘了坏的过程。感谢我永远愿意打开自己的世界，及时尝试、及时试错、及时灰心，也及时满血复活——“及时”不止是个状语，更是指引我的朋友。

这一年的自己格外平静，心中时常升起一种愉悦感、生出一种定力，而这种定力，让我看到了成功的可能性。现在的自己可以日日坐在咖啡馆中写作，享受这样的时刻。

梦想的实现没有捷径，别人永远无法帮助你实现，也无法评判你。任何时候心中都要有光，每个人只能记得自己的梦想，在实现它的路上，带动一群人。

我并不是一个擅长告别的人，确切地说，敏感如我，都是别人主动与我说再见，我被动地接受一切安排。但写到最后这一刻，我不得不提笔与大家说再见。当然，我也期待在下一部作品里能与你重逢。世界上最可贵的不是遇见，而是重逢。相信每一份真诚都有温暖可依，每一份温暖都会被另一双手稳稳托起。

写完这些文字，恰是2024年1月1日，春天未达，冬日渐远。我收到了一条晚安短信：“我常常把朋友视作马车灯，借着他们的光芒，我又看见崭新天地。”而我借到的光芒来自阅读、来自写作，也来自看我故事的人。如果你看懂了我，想与我交流片刻，请记得给我回信。